善待自己

让自己变更好的幸福箴言

[韩]宋贞林 著
梁丹 译

江苏人民出版社

图书在版编目（CIP）数据

善待自己．让自己变更好的幸福箴言 /（韩）宋贞林著；梁丹译．-- 南京：江苏人民出版社，2019.6
ISBN 978-7-214-21581-9

Ⅰ．①善… Ⅱ．①宋… ②梁… Ⅲ．①幸福－通俗读物 Ⅳ．① B82-49

中国版本图书馆 CIP 数据核字 (2019) 第 038308 号

江苏省版权局著作权合同登记 图字：10-2018-572

书　　名	善待自己　让自己变更好的幸福箴言
著　　者	（韩）宋贞林
译　　者	梁丹
责任编辑	卞清波
装帧设计	凤凰含章
出版发行	江苏人民出版社
出版社地址	南京市湖南路 1 号 A 楼，邮编：210009
出版社网址	http://www.jspph.com
印　　刷	天津旭丰源印刷有限公司
开　　本	880 mm × 1230 mm　1/32
印　　张	7.5
字　　数	60 千字
版　　次	2019 年 6 月第 1 版　2019 年 6 月第 1 次印刷
标准书号	ISBN 978-7-214-21581-9
定　　价	49.80 元

（江苏人民出版社图书凡印装错误可向承印厂调换）

一句话，

让我重新爱上自己

»

自序

活着就是为了让自己变更好啊

这是一个把“善良”当“犯傻”的时代，

所以，也许你会问我，做人“为什么要变善良”？

其实，善良就是单纯的意思。

单纯的人，会为小事感怀；

单纯的人，会在生活面前变得勇敢；

单纯的人，因为懂得感恩，所以更易幸福；

单纯的人，因为有勇气，所以连坏事都会为他让路。

所以，心若向善，人生也会因此一路平坦，

原本坎坷不平的路会变成得笔直顺畅。

我曾经，

无论做什么都觉得不幸福，

不论看到什么都不觉得激动。

直到某天，我决定让自己变善良，变单纯，因为我想要幸福，

于是，那些曾经走进我心里的句子又一点一滴地出现在了脑海中。

我会突然记起一句让人灵魂震颤的句子，
那些曾经深入心灵的话语，突然间又跳了出来。

一句话，重新唤醒了我。
一句话，让我重新爱上自己。

我想将这些话捧在手心送给你；
我想给你安慰，将勇气传递给你；
我想与你分享得到幸福的秘诀……

这些箴言，改变了我的心境；
这些箴言，让我找到了人生的归属；
这些箴言，将与你同行，伴你翻山越岭；
这些箴言，将在你孤单寂寞时，给你深切的温暖。

虽然伤心，也请保持微笑。
越孤单，越要给周围人带来温暖。
因为，伤心的日子定会过去，幸福的明天即将到来。

目录

生活，充满奇迹。
跨过这座桥，
拐过那个弯，
奇迹就会到来。

一颗渴望向善的心

电视剧《未生》里有一个剧情：
金先生去相亲，
女孩说他不是自己喜欢的类型。
金先生问自己哪里不够好，
是发型不好看，还是太胖了，
或者是因为自己的声音不好听……

然而女孩说：
“因为你看起来太善良了，我不喜欢。”
“虽然别人会说你人很好，可一起生活会感到压抑。我爸爸就是这样的人，我妈妈一直活得很累。”

分别以后，金先生很感慨：“这个世界怎么会把善良当成缺点呢？”

可不是吗?
不知怎么的,“善良”变成了“犯傻”。
“他善良得像个傻瓜!”
这话听着一点儿都不奇怪。

善良和软弱变成了同义词。
说别人善良不再是称赞,而成了嘲笑。

其实,善良的人并不软弱,
他们是勇敢的人。
勇敢的人追求的不是力量,
而是幸福。
他们敢于放低自己,
站在别人的立场照顾对方。
这样的人怎么不算勇士呢?

善良的人容易吃亏,
所以看起来比较愚笨。
但善良的人,
其实是活得最纯粹的人。

善良的人一定是有福之人，
因为他们的善行会像回声一样，
最终回馈到自己身上。

我的心愿，
就是不断向善。
让他人的生命变得和谐，
也让我的生命更有意义。

肉体会一天天老去，
但向善的力量能让我们的心态越来越年轻。
年幼时的我们，吃到一块糖就觉得得到了全世界。
多想像小时候一样会为小事而开怀大笑。
多想在告别这个世界的那天，
像个年幼的孩子那样，能咯咯咯地笑着离开。

我爱生活本来的样子

有一天，我突然发现，
无论做什么，我都没有新奇感了。
买回东西，实现愿望，这些事带来的幸福感转瞬即逝。
我不得不痛苦地承认，我生活得不开心……

每天就像打仗一样，无暇抬头仰望天空，
也不能俯瞰地上的青草。
头发轻扬，却没有认真感受过掠过耳旁的清风。
如梭的日子突然停下了，
它轻叩我的心扉，可是……
我的内心却无动于衷。
咦？我去哪里了？
那个用清澈双眸仰望天空的我去了哪里？
那个会为一件小事的达成而激动不已的我去了哪里？
那个会为了花儿盛开而欢呼的我去了哪里？
“我”，消失不见了。
生命的光辉不再，
日子像凋零的花朵一样索然无味。

我弄丢了感动的能力。
我这才知道，现在最要紧的，
是找回感动的能力。
这样才能重新获得幸福。

回望我的生命历程，
让我感动的瞬间是什么?
让我心跳加速、激动不已的事情是什么?
是人生之花初绽的时候，是恋爱的时候。

于是，我决定，
要一件一件地去做那些从未做过的事。
但人到中年，没做过的事能有多少?
一一写下来以后，竟然出乎意料地多。

我决定，要跟自己的人生谈场恋爱。
恋爱一定要全情投入，一定要保持好奇心。
我要用心感受周围，
感受世界，感受大自然。

星星冲我眨了眨眼，
清风向我挥了挥手，
花儿扭着腰向我撒娇。

慢慢地，我开始感怀，
为报纸上的一则消息，
为杂志上的几行报道。
遇见美好的人，心头会一阵发热；
街边偶遇的人，会温暖我的内心。
我并没有走多远，不过是闲庭信步，
眼前的风景却鲜活起来，令人着迷。
不一定要去美术馆，
那些印刷的画和雕塑照片，
足以让我沉醉其中。
一本书能让我的灵魂饱满，
一首诗能抚平我内心的伤痛。

借用诗人塞缪尔·厄尔曼的一句话：

在你我的心灵深处，都有一个电台。

那么，
我们内心的电台接收的是什么信号?

这个季节，这个地球，我们内心的电台，
正接收着怎样的情绪?

这个瞬间，
看看最美丽的景色，
听听最美妙的声音，
寻找其中的喜悦、欢乐和希望，
这正是我与自己人生之间最温暖的交流。

写给更快乐的你

清晨起床，你的表情是什么样的？
你的脸庞是否还挂着昨夜的伤痛记忆？

把那些不美好的记忆丢在梦里吧，
醒来以后给自己一个全新的开始；
把那些不美好的记忆通通丢掉吧，
不要辜负了上天为我们准备的良辰美景。

清晨，
是上天送给我们的慰藉。

清晨起床挂在脸庞的表情，
预示着一天的心情。
所以，哪怕是刻意，也要给自己一个灿烂的笑容。

试着给自己一个微笑，
感恩这一天又可以如此健康地开始。

《瓦尔登湖》的作者亨利·戴维·梭罗早晨起床后，
都会大声宣布一件幸福的事。

你要不要像他一样，起床后大声说点什么？

“收音机里的这个音乐不错哎！多好听啊！”
“花盆里的花开了。多漂亮啊！”
“今天晚上要去见一个好朋友。多美好啊！”

向早晨最先见到的人展示微笑吧。
你将是那个会带给他幸运的人。

试着拿起相机，
把清晨的第一个表情拍下来。
如果你在这个表情里看到了非常微小的愁容，
那么，就像处理缺陷一样，
一点点地，试着把这片愁云擦去，可好？
如果有一天，你能展现出完美无瑕的清晨微笑，
你的人生也会像遇到魔法一样，瞬间豁然开朗。

期待比昨天更快乐的你，
今天，不是装满各种不幸的潘多拉魔盒，
而是流淌着欢快音乐的八音盒。

“修补”人生

我家街角有一间小小的修鞋铺。
店老板总是面带笑容，
他把磨坏的椅子和穿破的鞋子修得很漂亮，
把沾满泥垢的椅子擦得干干净净。
穿着修好的鞋子走在路上，
脚步声变成了咚咚响的音符。

我突然想到，
如果我们的人生也能修补，
那该有多好?
把某个破碎的时间点缝合，
用全新的记忆代替“悔不当初”，
擦去那些不开心的时刻，
如果可以，该有多好?

埃米尔·阿雅尔的长篇小说《所罗门王的苦恼》曾说:

人生也是可以修修补补的。

小说里，所罗门是这样说的：

我，只修补社会上的一部分不幸。
我只是个修理工。

他还说了这样一句话：

幸福的人生是可以通过修修补补实现的。

这样看来，如果我们的人生里也有一名修理工，
那该有多好！
要一个能像修理鞋子一样把人生整理得干净利落的修理工。

我们的人生并不完美，我们因此不安。
但我们不能因为不安而逃避自己的人生。
有了裂缝就补补，出了问题就修修……

一边处理这样那样的问题，一边找寻幸福，
才是人生啊！

但人生不像修鞋子，
也不像补衣服，
对人生的修补，不能假手他人。
对人生的修理，只能自己完成。

回首伤痕累累的过往，
自己揉一揉，抹点儿药，
然后重新开始。

期待比昨天更快乐的你，
今天，不是装满各种不幸的潘多拉魔盒，
而是流淌着欢快音乐的八音盒。

主动问候的人最漂亮

“你好！”
带着惺惺相惜之情，
向擦肩而过的人们问好；
是在为彼此加油助威，
疲乏的生活里，你有没有竭尽全力？

电梯里看到不认识的人，
问一句“你好”，
听到的人都会笑靥如花。
这一声问候是对缘分的珍惜。

同在一个小区，同住一栋楼，
甚至同处一个单元，同乘一部电梯，
这样的缘分十足可贵。
所以，不论是老人还是小孩，
或是与我一样的上班一族，
我都会笑着跟他们打招呼：
“你好！”

虽然只有几秒，但笑容可以彼此传染。

聊聊天气，讲讲学校、小区的事，
出电梯分别时祝对方今天有个好心情。
同样的地方，如果能够重逢，
对方就从“陌生人”变成了“认识的人”。
我珍惜这悄悄来临的缘分，
它让我的内心充满愉悦。

跟陌生人说话，容易让人害羞，
有很多原因让我们难以迈出这一步。
可一旦形成习惯，就不那么难了，
很多人会愉快接受你的问候。

人缘好的人有一个共同点，
那就是礼貌周到。
主动跟人打招呼是一个非常好的习惯。
这一点能给别人留下好印象，
在我的国家，打招呼时会弯腰，
这代表谦和与恭敬。

喜欢跟人打招呼的人，内心都很温暖。

畅销书《改变命运的50个小习惯》里有这样一句话：

早3秒也好，提前跟人打招呼吧！

试试提前3秒主动跟对方打招呼。
不论他是邻居还是陌生人，
笑着跟对方打招呼吧！

把内心的温暖传递给对方，
你的人生会因为他的微笑而灿烂，
就像开了60瓦的灯泡一样明亮。

独处时的我

有人说，关上门才能看出一个人的品质。
坐立、行走、言语、行事，
每件事都折射出一个人的内心，
无心的举止展示着一个人的过往。

与人同行，
每个人都会努力规范自己的言行，
但用不了多久就会露馅儿。
因为你坐立、行事、吃饭、行走的样子，
是很难长时间装下去的。

独处时的行为才是一个人真正的内在品质。

慎独：君子必慎其独。

这是《大学》和《中庸》里的一句话，
也是我们家的生活指南。

我们常讲“自我管理”，
再没有比“慎独”更贴合的词了。
当然，锻炼身体、美容养颜也属于自我管理。
但独处时规范自己的言行，
是更严格、更有价值的。

独处时规范自己的言行，
做起来并不简单。
想象身旁有一双眼睛，
不断审视我们的言行举止。
独处时也要像有人同行一样，
坐立、吃饭、行事、行走……
久而久之就形成了习惯。

“独处时言行举止随意一些怎么了？有人在的时候好好做不就行了？”

可能有人会这样想。
但实际上，想等着有人在的时候才规范自己的言行举止，
是绝对不可能做到的。

因为遮掩自己是非常容易被人发现的。
“慎独”于我而言也是个艰难的课题。
“独处时，我的内心也一样堂堂正正吗？”
这样的问题，我是无法坦然给出答案的。

诗人徐廷柱在其《自画像》中感慨：

在岁月的流逝中，我甚感羞愧。
我常常需要给自己留些时间，
清清楚楚地观察一下自己。
当然，不是审视别人眼中的我，而是自己眼中的我……

这样的我，是不是行得正，坐得端？
有没有认真对待生活？
我心里有个声音回答：
还远着呢！

不忘初心，方得始终

法国哲学家伏尔泰把自尊心比成气球。
他说自尊心是被风吹鼓的气球……
因为气球在吹鼓后才能显露自己的本事，
然而吹过了又会爆炸，“嘣”！

维护自尊心的“度”并不好把握，
我有时会因为小事感觉自尊受伤，
有时甚至为了维护自尊心而掉眼泪。

有一个关于自尊心的真实故事，来自特蕾莎修女。

“孩子们都饿着肚子呢，您能捐一些面包吗？”
但面包店的老板拒绝行善，
他说：“啊，真晦气。赶紧滚！”
说着还朝特蕾莎修女的脸上吐了一口唾沫。

特蕾莎修女擦掉了唾沫，再次向店老板求情：
“如果有剩余的面包，您就给我一些吧！”
同行的志愿者气呼呼地说：
“您不觉得屈辱吗？”

特蕾莎修女是这样回答的：
“我是来要面包的，不是来要自尊的。”

真正的自尊不就是这样吗？
工作中有很多时候会让人觉得伤自尊，
让人忍不住想痛哭流涕。
所以，试着像特蕾莎修女一样调整心态吧，
告诉自己：“我是来赚钱的，不是来讨自尊的！”

有一天，我在路上慢慢走，
看见前车的后窗上写着：“菜鸟首航！”
我被逗乐了。
这才醒悟提醒别人自己是新司机的句子还有很多：
“抱歉，刚出炉的新手。”
“请多多关照。”
“直线行驶已达三小时！”
……
看来对新手而言，生命比自尊心重要多了。
我觉得他们是那么可爱。

新职员也一样。
初进公司，业务还不熟练，
不由自主地就忽略了自己的自尊心。
新娘子婚后第一次去婆家时也一样。
看上去，凡是谦虚和感激之情超过自尊心的时候，
都是“第一次做某件事”的时候。

电影《重庆森林》的导演王家卫这样说过：

我想要努力地记住，
我喜欢拍电影时的那份热情，
那是我拍电影的秘诀。

我想，护佑自尊心的应该就是那颗初心吧。

用初心待人，
用初心做事，
用初心面对这个世界，
脱掉自尊心外面那层厚重的铠甲。

爱的印记

电影《春逝》中，
女主角恩素问过男主角尚优一句话：

人死的时候，如果能带走一个回忆，你会带走什么？

如果是我，我会怎么回答呢？

我想我会选择下雨天望向窗外的那个瞬间。
淅淅沥沥的下雨天，写点东西，看看窗外，
再没有比那个时刻更幸福的了。

在我眼里，雨天不代表阴暗晦涩，
也并不会让人感觉忧郁，我反而喜欢它的静谧，
心灵因此得以休息。
这样的日子，我感受到的是暖暖的慰藉和绚烂的爱。
于我而言，下雨天不是坏天气，
而是好得不得了的时节。

下雨前，
整个世界都弥漫着潮湿的气息，

我的心也开始雀跃。

不一会儿，雨滴滴答答地落了下来，
落在屋顶上，洒在街道上，
像精灵在窃窃私语。
人们撑着雨伞行走，
看起来像极了中国的汉字“雨”。

窗外滴滴答答的雨声，总能让我想起从前，
想要亲手写点什么。
撑着雨伞走在街边的小巷里，
多想身旁有一个温暖如阳光的男子。
坐在敞亮的咖啡店里，看看下雨的街道，
多想给朋友打个电话，诉说我对她的思念……
做点什么都好。
相爱的人一起撑着雨伞漫步街边，
仿佛伞下就是整个世界，
只有你和我的世界。

我曾透过镜头看下雨的街道，定格这个美丽的瞬间，雨中的青草地上，散落着晶莹珍珠。

下雨的夜晚，
你是否也曾开着窗，
看树梢上不停滴落的雨点？
你是否也会在下雨天，
想念那个与你相视一笑的人？
什么也不用说，
共同感受这份美好。

下雨天，心中思念满溢。
小时候，我总在下雨天坐在屋檐下的火炉边，
等着母亲给我做甜甜圈。
我想念雨幕中的母亲。

离开这个世界时，你会带走哪些回忆？

如果没有答案，不如从现在开始准备一些美好的回忆，
一些能够让你在最后一刻嘴角上扬的幸福回忆，
微不足道却能温暖整个岁月。

爱笑的人运气不会差

习惯决定命运。
习惯又可以分为行为习惯和思维习惯。
而思维习惯中最重要的是，
思考事情的时候要积极乐观。

李时亨博士在他的《世界因你而存在》里写过一段话：

同样是半杯水，你可以认为杯子半空，也可以认为杯子半满。
选择为半空而哭泣，还是为半满而开心，那是你的自由。

有积极乐观的人，
也有消极悲观的人。
积极乐观者不会因为失败而垂头丧气，
反而把它当成重新出发的契机。
正能量让他们经得起任何考验。

消极悲观者，
会因为很小的失败而绝望，
会因为别人的一句话而黯然神伤。

沉溺在认为别人都讨厌自己的世界里，
即使他们能很快振作起来，也难免感觉力不从心。
人生就是一场马拉松。
我们要始终铭记，
一时的得失真的不必太过在意。

每个人的心都像一台收音机，
能选择灿烂的频道，
也能选择消沉的频道。

下雨天里，“阴霾”的信号，
会让你一整天都笼罩在阴霾下；
而“灿烂”的信号，
会让你一整天都神采奕奕。

当你认为“今年已经过去半年”时，
岁月看起来就像一个毫不留情的小偷；
当你认为“今年还剩半年时间”时，
岁月就变成了一个充满惊喜的礼盒。

你看到什么，世界就有什么。
我们内心的电台究竟会选择哪个频道?
为什么你只会对着面前被关上的窗发出叹息?

你是否忘记了头顶的那片苍穹?
你忽略了身边的灿烂星辰和耀眼霞光，
用悲伤把自己锁在没有出口的房间。

金亨敬在小说《选择爱情的特殊标准》里是这样说的:

人的改变是微小的，无论多么努力，
你最多只能改变5%。
但这小小的5%会让你的人生天翻地覆。

既然，无论付出怎样的努力，人最多只能有5%的变化，
那么，不要急于求成。
只要今天的我比昨天，
在积极乐观上提升了0.05%，
朝幸福的人群靠近了0.05%，就够了。

你的心在哪个频道?

是吹着口哨，还是在轻声叹息?
把积极乐观的心情当成礼物送给自己吧!
你的微笑，能换来别人的微笑，
甚至整个世界的微笑。
幸运女神也会对你微笑。

幸运，要靠自己来创造。
积极乐观的心态会帮助你遇见幸运女神。

你的微笑，能换来别人的微笑，
甚至整个世界的微笑。
幸运女神也会对你微笑。
幸运，要靠自己来创造。
积极乐观的心态会帮助你遇见幸运女神。

不经一番彻骨寒，怎得梅花扑鼻香

安迪·安德鲁斯的长篇小说《上得天堂，下得地狱》里，
有这样一句话：

最坚硬的钢要被最炙热的烈火淬炼才能成就，
最明亮的星斗能够照亮最暗沉的黑夜。

一直顺风顺水的庞德有一天突然被解雇了，
房租马上要交了，女儿的手术费也没着落，
存折却空空如也。
前路漫漫，看不见未来。
庞德驱车在高速公路上飞奔，
不幸遭遇车祸后，他出现了幻觉。
他见到了《安妮日记》的主人公安妮，
安妮对满腹牢骚的庞德说：

我们的人生在于自己的选择。
对发生在自己身上的事情，
我选择感恩，而不是抱怨。

有些人，没有抱怨自己的处境和现实困境，
而是带着一颗感恩的心，勤勤恳恳地生活。
他们带给我们的感动，
比任何名著或自然风景都多。

所以我总是不由自主地，
被那些在工作中不断超越自己极限的人吸引。
我喜欢朴智星也是这个缘故——
他克服了平足的不利因素，成了最优秀的足球运动员。

有一次，我在图书馆演讲，
即将开始的时候，
前门开了，进来一名坐着轮椅的女生，
推轮椅的人，看着像她母亲。
女生的四肢异于常人，头也一直歪着。
刚开始，我一直担心我的演讲对她而言太难或太枯燥，
没想到整个演讲过程，她都听得专注无比。
一旁的母亲不时地给她做着补充说明，
还用毛巾帮她擦脸。

演讲之后是图书签售会，
女生排着队到了我的面前。
她用尽全力试图跟我说什么。
我听不清楚，很焦急，
女生的母亲开口了：
“我女儿现在读初二，她的梦想是成为一个像您这样的作家。”
“啊！”我放下手中的笔，紧紧握住女生的手，
“你一定能实现梦想的，加油啊！”

我们一起合影，
女生笑靥如花。

当然，想成为作家，前方会有很多困难等着她。
但我相信她能战胜困难，写出优秀的文章。
能够不畏艰难坐着轮椅风尘仆仆来听演讲，
怎么会实现不了梦想呢？
两小时冗长枯燥的演讲她都能听得津津有味，
怎么会实现不了梦想呢？

她一定能做到，

成为那个梦想中的自己。

不经一番彻骨寒，怎得梅花扑鼻香？

活在当下

及时采撷花蕾，拉丁语中把这种行为称为及时行乐。
享受当下，有时间就去摘点玫瑰花蕾。
为什么诗人会这么说?
因为，人总是要死的，
总有一天我们会停止呼吸。

N.H.科琳宝姆在其长篇小说《死亡诗社》里如是说。
小说主人公约翰·基廷老师，
给学生们朗诵沃尔特·惠特曼的诗:

这一切又有何益处?所谓的我，所谓的生命……
答案是，你在这里，生命即存在且昭然!
要活在当下!

我们都知道，
幸福的秘诀是活在当下，
然而很多人仍然感受不到幸福。

小时候，拥有一个冰淇淋就拥有了整个世界，
得到一个气球就能乐开花，
趴在母亲背上，感受到犹如女王一般的幸福。

长大后的我们，比小时候富有了，
拥有的越来越多。
然而为什么我们没有从前幸福了？
为什么我们总是感到不满、不甘？

真庆幸，阳光是免费的！

这句话，
是Peppertones（一个韩国乐队）一首歌里的歌词。

我的头顶，鸟儿在天空飞翔；
我的脚下，草儿在大地生长。
这美好的一切，
让我瞬间感到内心欢喜，
此时此刻又哪里需要金钱呢？

让心灵充实，没有什么比四季万物更好的了。
人们对我的爱和关怀，
是对我灵魂的滋养。

此时此刻，我的人生正含苞待放，
活在当下，别让盛开的玫瑰枯萎。

所以，
请“及时行乐”！

»“宽容”是给自己最好的礼物

年轻时，身体受的伤很快就能恢复，
而受伤的心却需要时间来慢慢抚慰。
年纪大了以后，身体上的伤变得不好恢复，
而受伤的心却很快就能愈合。

上年纪以后，
如果紧紧按住心灵上的伤口，不愿放下，
结果只能徒增烦恼，白白虚度光阴。
尽管，心灵上的创伤远比身体的伤疼，
但年长者应该懂得，
如何快速抚平内心的伤痛。

真正成熟的人，
有能力解决人生难题。
人活着会碰到很多难事，
喜欢一个人很简单，
厌恶一个人更简单。
然而请求别人原谅或自己去原谅一个人，
很难。

求得别人的原谅比原谅一个人更需要勇气。
因为你需要打开对方紧闭的心门。

面对那扇冰冷的心门，
你可能会想退缩；
面对那扇布满荆棘的心门，
你可能会再次受到伤害。
尽管最后可能伤痕累累，
也请试着再努力一次。

因为，请求别人的原谅不是为了他人，
而是为了自己。
就算最后没能成功，
我们的心也会得到宽慰。
哪怕只有万分之一的可能，
也请再尝试一次吧！

人活一世，总会在无意间伤害他人，
也可能会犯下难以挽回的错误，
可能会和相爱的人分手，痛苦难当。

本杰明·富兰克林说过这样一句话：

把别人对你的诋毁放在尘土中，
把别人对你的恩惠刻在大理石上。

我想把感激之情铭刻在心，
而憎恶、背叛之情，
让它们随风飞逝。
对无意中伤害的人，
请求得到对方的原谅，
允许我再续彼此间的缘分。

我心有爱，向往光明

人心都有善恶两面。
艺术家洛伦佐·奎恩在其作品《我的脚》中说：

我们的内在，犹如太阳和月亮，水和火，
白与黑，身体和灵魂，爱与恨，阴与阳。

所有单一的事物，
事实上都有两面性，
了解这一点，是一个人走向成熟的标志。

每个人都有两条路可以走：

一条轻而易举但通往黑暗之路，
一条举步维艰但通往阳光大道。

面对灰色黯淡的人生，
总会让人想起人的两面性。

面对两条不同的路，
唯有爱，
会引领我走向阳光大道。

生活中，我总是迷路，却没有在人生路上迷失。
是爱我的人加油助威的声音，
让我走得稳稳当当。
是你们的声音，让我一直记得正确的方向。

»“真”朋友

电影《阿甘正传》里有一个场景。
阿甘参加越南战争，
大雨倾盆的夜晚，朋友和他背靠背坐着时说：

你靠着我，我靠着你，
这样我们睡着的时候，头就不会钻进泥里。

我想，世界上再没有比这句台词更能形容朋友存在的意义了。
当你觉得累了，如果有个朋友可以依靠，
一定不会掉入人生的泥潭里，从此一蹶不振。

我常对孩子们说：“交个好朋友。当然首先你要成为‘好朋友’。”

如果他们的人生能一路坦途固然好，
但谁能保证，他们可以风雨无阻地走过人生中的每一段路程？
当你在人生的泥潭中徘徊不前时，
你需要有个朋友拉你走出泥潭。

我在孩子们小时候，常常让他们多交一些积极向上的朋友，
积极乐观的人，总会往好的方向想问题，
内心充满阳光的朋友就是“好朋友”，
并且，你也要成为这样的人才行啊！

在我看来，成为“好朋友”的秘诀有两点：

一要谦虚！
一要能快乐生活！

对孩子们而言，交好朋友的秘诀就是，
时时谦逊，愉悦地度过每一天。

亚里士多德说：

朋友，是一个灵魂孕育在两个躯体里。

我们不可能永远陪伴孩子左右，
总有一天我们会先行离开。

我们能留给他们的最大财产，
就是那时陪伴在他们身边的朋友。

“朋友”在印第安语里，
是“能背着我的悲伤行走的人”，
这是印第安人的智慧。

会有这样的朋友吗?
为我潸然泪下，
欣然背负我的伤痛。
你是这样的朋友吗?

被岁月妆点的人生

柏拉图说：

所谓人生，不过是一场短时间的逃亡。

也许年纪渐长之后我们才能体会到这句话的含义。

时光缓缓流逝，
我们却觉得岁月如梭、人生苦短。

当你觉得光阴似箭时，
生命就像被放逐，
我们像身处异国他乡，
内心茫然、无措。

有人说，不开心的时候去江边走走，
因为，江水承载了很多人的思念。

在江河边走走，
我们的心会因此变得纯净、浪漫。

江河从不孤单。
天空与它作伴。
夕阳西下时，
它的脸红彤彤的。
万里晴空时，
它的脸瓦蓝瓦蓝的。

承载的东西不同，它的脸庞就不同。
你放一艘纸船，
它承载的是思念之情；
你放一片青草，
它承载的是人间的春夏秋冬。

江河会随着你的心情变化：
你伤心沮丧时，
它波涛汹涌、怒吼阵阵；
你开心愉悦时，
它碧波荡漾、波光粼粼。

我们把心寄托在江河里。
它从不停歇，
静静流淌。
它像哲学家一样询问我们："我能停一下吗？我就这样一直流淌吗？"

杰克·凯鲁亚克的长篇小说《在路上》的主人公迪安说：

人活着，是为了品尝人间百味。

其实，生活就像流淌着的江河一样，
我们一天天地过下去就好，
仔细品尝每一个瞬间。
我想像江河一样，
静静流淌、悄无声息，
但从不停歇；
我想像江河一样，
途经千家万户，与人结缘。

赠人玫瑰，手有余香

电影《绿洲》里，恭洙对忠都说：

我最羡慕那些工作中的人。

电影《我是山姆》里面，山姆说：

我最擅长搬运咖啡。

有力所能及的事情可做，
多么可喜可贺！
如果这件事，
还能带给别人幸福感，便再好不过。

当你心生厌恶时，
你做的寿司，便会缺少几分人情味。
厌恶之心会蒙蔽你的双眼，
甚至厌恶自己。
细想一下，
你做寿司，
不就是为了让别人感觉幸福吗？

这是漫画《寿司料理王》里的台词。

我们工作的目的是什么？

是让人幸福！
我想，
我们应该把它当成所有事情的终极目标。

做事情和做寿司一样，
五味杂陈，酸甜苦辣俱存。
这是寿司的味道，也是人生百味。
你渴望一份甘甜，
努力后得到的却是一份酸楚。
你想给人一丝甘甜，
费尽心力却令人感觉苦涩。

但我们仍要时刻铭记，
做事是为了“让人觉得幸福”，
人生就是这样。

每天写作时，
我常常想：
我的文章是不是走进了读者的内心？
是不是浇灌了他们的心田？
是不是抚慰了他们内心的伤痛？

为了让读者和观众感动，
作者要先感动自己；
想要带给读者和观众快乐，
要先把自己逗乐数千遍。
尽可能多地去体验，去揣摩，
以获得更多的灵感。

这是我一直努力的方向。

爱的“同理心”

智利人气作家伊莎贝尔·阿连德，
在女儿生命尽头写了一本自传。
她一边照看变成了植物人的女儿，
一边给她讲家族往事，
最后汇集成了一本《宝拉》：

这一刻，我的内心仿佛堆满了沙子，几近窒息。
可是回首人生往事，我似乎又获得了新生。

她讲述自己的人生，
生怕有所遗漏，
生怕女儿醒来忘记了所有。
她的人生里有太多的罪，太多的恨，
但她的灵魂因女儿而再次盛开。

曾经，
她逃避生活，懦弱又落魄。
人生总有无力摆脱的困境，
女儿能够理解深陷其中的母亲。

她一遍遍地告诉女儿“我爱你”，
女儿听着她的声音，安详地离开了这个世界。

每个人都带着伤痛活在这个世上，
每个人的灵魂深处都有一份不安，
每个人的肩上都背负着重重的行囊，
但我们可以彼此告慰：

你的伤痛，我懂。

就像母亲呼唤玩耍的孩子回家吃晚饭那样温暖，
如果我们可以安慰一下走到人生暮年的人，
该是一件多么美好的事情啊！

人生总有难以解决的问题，
但这并不能阻碍我们欣赏沿途的风景。

与人风雨同舟，一路前行，
我会选择那样做……

你是否在爱人的眼里看到了永远，
哪怕只是一瞬间？
它名为奇迹。

如果你不注意，
它就会从你身边静静掠过。

所以，请珍惜每一个当下，
奇迹就在其中。

孤独是最好的朋友

因为工作原因，我常常独处。
独自写作，吃饭，运动；
独自看电影，读书，听音乐。
人们问：“你不孤独吗？”

其实，孤独是我们的宿命，
有人在身边就不孤独了吗？
一群人在一起也同样会感到孤独，
所以不如把孤独当成朋友。

就像乔治·穆斯塔基的歌曲《我的孤独》里唱的：

我现在并非独自一人，
因为孤独与我同在。

孤独，是独处时的孤单。
但因为孤单，
我们反而能安心与自己相处。

孩子们没有时间感受孤独，
他们蹦跳、叫喊、嬉闹……
一整天都忙个不停。

人长大以后越来越感觉孤独，
独处的时间也越来越多，
即便与他人同处一室，
也时常被孤独感吞没。

岁月流逝，人渐渐学会享受孤独，
在孤独里审视时间，
在孤独里回味生命的意义。

孤独时，我会想起那些离去的人；
孤独时，我会回忆内心积压的感情。
所以，在孤独面前，我更加谦逊，
也不再厌恶什么，
反而心存感激。

孤独，
其实源于爱，
无爱的人不会觉得孤独，
因此，孤独是爱最意味深长的赠品。

孤独与陪伴之间，
并不会此消彼长。
享受孤独的人独处时，
内心如果充实饱满，
置身人群也依然会自得其乐。

某一天，当你学会了享受孤独，
你的生活就会焕然一新。

独自上街走走，
挑一首称心的歌曲，一路相随。
去书店选一本书，
坐在咖啡店的窗边，沉浸在书的世界里。
傍晚时分，去公园走走，
抬头看看头顶的天空。

清晨起床，写写日记。
静谧的时间里，仿佛全世界只剩你自己。

就这样，即使孤身一人也不觉孤独。
只要心怀爱意，日子就不会孤单。

重要的不是速度，是方向

小时候，我做什么都慢半拍。
个子长得慢，动作慢吞吞，遇事还后知后觉。
总觉得自己矮人一截，
总觉得别人已经在跑了，我还在走，
体育课上的跑步我永远是最后一名，
我因此很讨厌运动会。
不明白为什么要跑步，
走着不行吗?

但我也因此养成了一个习惯，
也可以说是我的优势：
虽然慢，但我不会停顿。
走得慢，所以不会疲惫。
承担了的事情会坚持，
有时竟也走到了终点。

我们家兄弟姐妹六个，我的行动最慢，发育最迟缓，
但父母从未指责过我的慢。
他们认为有快步向前的孩子，
就有像我一样慢半拍的孩子。

一瓶小小的酸奶，有的孩子3秒钟喝完，
有的孩子要花30分钟才能品尝完。
分分钟就能写好的名字，
有的孩子写起来像是在画一张思念的脸。

这个社会认为慢是一种需要改正的问题，
亨利·戴维·梭罗曾说过一段让人回味无穷的话：

每个人
都应该跟随自己的心前行，
不论它的节奏如何，
不论内心的声音从多远的地方传来……
你不一定非要按照苹果树、栎树的速度成长，
没有这样的道理。
为了跟别人保持步调一致，
就要让自己直接从春天过渡到秋天吗？

不要羡慕并勉强自己追赶那些奔跑的人，
否则你会因为疲惫而放弃。

我们生而不同，也有属于自己的独特人生轨迹，
我们需要判断自己前进的步伐，行走的速度。

比周围人走得慢一些，也许会让人心生烦闷，
但，重要的不是速度，
而是方向。

要相信总有一天你会到达。
不要停下脚步；
迷路了就重新出发，
不要停歇就好。

突然想到洪尚秀导演对学生说过的一句话：

总有人开窍晚一些，
快慢并不重要，能开窍才是重点。

步履不停

我人生中最艰难的选择，
就是在两个行业中进行取舍：
“当老师还是成为作家？”

最终我选择了作家。
做出这个决定时，
很多人劝我要慎重。
后来我的生活像过山车一样飘忽不定，
但我从未后悔过自己的决定。
重来一次，可能还是一样的结果。

走在作家这条路上，
付出与回报不成正比时，我也会垂头丧气。
这时我总会想起姜泰植在《不断前行》里面的一段话，
也是我最喜欢的一段话：

虽然输了，但至少你试过了。
虽然你是LOSER，但你一直在前行。
不用生气，也不需感到羞愧，
如果你连试都不试，连一个LOSER都不是。

只要走在前进的路上，我就会努力奔跑；
只要在奔跑，我就不在意自己的处境。
我不会因为名列前茅而沾沾自喜，
也不会因为名落孙山而停滞不前。
用最快的速度奋力奔跑，这就够了。
至少我在前行，至少我在奔跑。

我的“脑动力”

我看电影从不马虎，
从不错过任何一个细节！
我会做笔记。
当然，坐在黑漆漆的电影院里，
笔记内容通常乱七八糟，
有的地方，字和字叠在了一起，
有的地方几乎看不出写了什么。
但笔记能让电影情境更加清晰，
让人再一次回味其中的经典台词。

我也想吃那个食物，我喜欢主人公的衣服，
我想去电影里的那条街走走……
原来那条街上有家那样的咖啡店，有棵那样的树，
原来那个场景里的音乐如此动人……

视觉、听觉、触觉……
我想伸出触角去感受一切，
让所有的感觉细胞满负荷运转。

有些电影别人看了觉得浪费钱，
你却为之心动。
你觉得烧脑，你跟着激动，
你感激这个电影，让你内心充盈。

动动脑筋，才会产生创意。
可我们为什么需要创意呢?

在这个讲究个性甚于外貌的时代，
这样说有些武断，但外貌的“保质期”不到10分钟，
比鱼丸和罐头的保质期更短。
人的魅力不在于那99%的平凡，
而在于那1%的个性。
个性来自创意，
外貌转瞬即逝，但内涵经久不衰。

男女有别已成为过去，
美丑也不再是问题。
你有多少内涵，
你就能传递出多少能量。

电影结束后，如果你只觉得“看完了”，那就太可惜了。
如果有人问：“你觉得那部电影怎样？”
如果你的答案只是“还不错”或“一般般”，那就太可惜了。
不妨带着疑问去看电影，
如果由我来演，如果我是编剧，
如果换个演员，换个时代，最后会怎样？

花同样的钱，用同样的时间，看同样一部电影，
有人收获了100%的感悟，有人连20%都没有。

全心全意地投入，
是为了争分夺秒，
尽可能多地去感悟，去收获。

不论是看电影还是读书，听音乐，散步，
全心全意地体会吧！
不要错过世间一点一滴的美。

转动眼球，让脑细胞动起来。
这世界是个充满创意的礼盒，
打开它，尽情地拥抱它吧！

你把美排在第几位

日本作家浅田次郎，
来韩国做演讲。
演讲前夕，
他提出桌上要有花。

主办方匆匆忙忙找了一个花瓶，
插满鲜花放在桌上，
演讲这才正式开始。

他说，他买东西的顺序是这样的：

1. 花
2. 书
3. 饭

即便食不果腹，也不愿缺少花朵，
花儿，比书还重要。

其实活着，不就是追求美的过程吗？
作家把文章写得更美一些，

建筑师把房子盖得更漂亮一些。
把美的事物放在第一位，
才能创造出美。

浅田次郎写作时，心里记挂的只有两点：

写得简单一点，
写得优美一点。

我也暗下决心，
文章要写得简单优美，日子也要过得简单优美。
不执念于什么，也不胡乱挣扎，
任时光静静流淌，从容美丽地走好每一步。

你就是我的余生

我最近常常思考记忆这件事。
人们记忆中的事都有什么?
他们会记住什么事，会在何时想起?
人的记忆空间又有多大?

诗人金载振在《大雪纷飞》中写道:

是谁拿着橡皮擦修改了我的人生?

某一瞬间，记忆就像被白雪覆盖了一般，
让人不知所措。

心里的灯灭了，我酣然入梦，我忘却了。
突然间，我想起了电影《最后一场演奏会》里的一句台词:

我是为了记住你而活。

电影里的音乐缓缓流淌，
浪漫的海边，昨日重现。

海浪拍打着礁石，
钓鱼的人悠闲地坐着，
一只水鸟停留在长杆上，望着远处的海岸线……
镜头切换到了海尽头的一家医院。

40岁的钢琴家理查德正坐在医院候诊室里，
他一脸严肃，仿佛肩上背着世上所有的烦恼。
这时，诊察室的门开了，斯特拉走了过来：
“放松点儿，你看起来像皱成一团的纸。”

这是他们第一次见面。
医生误以为理查德是斯特拉的监护人，说：
“您女儿得了白血病，最多还可以活3个月。”

意外得知斯特拉病情的理查德，
与斯特拉上了同一辆公交车，
她像百灵鸟一样叽叽喳喳，
他与她一起去寻找她的父亲。

斯特拉的人生被设了限，但她依然明朗灿烂；

理查德手指受伤，一蹶不振。
最终，理查德在斯特拉爱情的力量下，东山再起。
那天，理查德站在舞台上，
斯特拉穿着他为她准备的白色礼服，坐在观众席里，
听着理查德为她创作的《献给斯特拉的协奏曲》。

静待生命的花朵一片片凋零。
他们彼此的心伴着音乐流淌着。

“对不起。我不能再陪着你了……”
斯特拉说完，理查德回答：

不，你永远在我身旁。
我活着，就是为了记住你。

没有了斯特拉的世界，理查德是怎么过的？
应该会如他所言，追忆他们之间的点点滴滴，
只为把她藏在心间，记在心里。

我母亲也是为了记住我父亲而活着的。

母亲无欲无求，似乎已经看淡世间万物，
一副把记忆也要丢在岁月长河里的样子。
她把此生的欲求扔得一干二净，
记忆也掏空了——除了关于父亲的那些。

每每想起远方的母亲，我就会安慰自己，
母亲是幸福的，因为她把他们的时光刻在了心头，
她怀揣着父亲的爱，内心温暖……

你记住了他的过往，你便是他人生的见证者。
那些不被外人所知的事，
你们是彼此人生中唯一的知情人。
你们的人生因对方而更加完美。
也许，人与人之间的美好，正缘于此。

鼓励，是最美的祝福

在作家协会教育学院讲授影视制作时，
我认识了很多学生。
他们因为同一个问题而不安：
“我能做到吗？”

作家这条路有多难，多坎坷，
我比谁都清楚。
因为我正踉踉跄跄地走在这条路上。

但他们刚要迈出脚步，
我无法坦言其中的艰辛，
他们可能因为我的一句话多走几步，
也可能一蹶不振就此打住，
我说每一句话时都要慎重。

没人知道他们未来会是什么样子，
最耀眼的年华要靠他们自己去争取。
我能给他们的只有勇气和慰藉，
让他们永不言弃、坚持到底。

鼓励别人实现梦想，是在照顾他们的灵魂。

我常常反复回味作家约翰·马克斯维尔的这句话。

我的影视制作课，
有一个从不缺席的学生。
她叫善姬，听说是她母亲推着轮椅送她来的。
但我一次也没有见过她母亲推她来时的样子。
因为她总是比别人早进教室，
每次都坐在同一个座位上，
等着我开始讲课。

善姬的脸庞总是灿烂无比。
你问她：“累不累？”
她总说：“一点儿都不累，有趣得很。”

希望她以后能成为一个作家。
她写的剧本一定温暖极了。

等她的剧本在全国上映，我一定会哭，
当然，比我更热泪盈眶的人，
是每天带女儿来学习的善姬妈妈。

我从老师那里学到了很多，
我从朋友那里也学到了很多，
而我从学生那里学到的东西更多。

他们一心想当作家，走上了一条艰辛的路，
我从他们身上看到了初心。
他们聚精会神地听课，生怕落下一句，
我仿佛看到了，
曾经那个脸颊微红、心情激动的自己。

孤独时，我会想起那些已经离去的人。
孤独时，我会记起内心积压的感情。
所以，面对孤独，我变得更加谦逊，
不再厌恶什么，
反而心存感激。

伟大的艺术家

那是一个花香四溢的季节，
我去见一个男子，
不顾身患感冒，不顾另一个重要的约会。
我不知道什么时候才会再见到他，
那种心花怒放的感觉，
就像去见自己的初恋。

演讲现场坐满了资深作家和行业新秀，
他们也在一脸激动地等着那个男子，
那个叫阿兰·德波顿的男子。
第一次认识他是在《爱情笔记》里，
我的心像被闪电击中一般。
我迷醉于他对爱情的直觉、
洞察力及无懈可击的写作技巧，
更深深地嫉妒他的天赋，
他是个年轻的哲学家，
他只有23岁……

阿兰·德波顿大步流星地走上了演讲台，
直接进入正题：

我们为什么需要艺术?

艺术,
帮助人们发现平凡生活中的美。
马奈的画作中,
他最喜欢《一捆芦笋》,
因为作者让人们看到了细小事物的美。

我想到了电影《美国丽人》中的一个场景。
一只塑料袋在天空飞来飞去,
孤零零的一只塑料袋,
随风摇曳,飘啊飘,
在导演山姆·曼德斯配的音乐中,
不起眼的塑料袋像舞者一样摇曳多姿。

阿兰·德波顿又说:

我们想要被爱。

要有更高的社会地位,别人才会爱我;

要很富有，别人才会爱我；
要变成有影响力的人，别人才会爱我……
亲人、恋人、朋友、同事、邻居，
我用尽全力，只为得到他们的爱，
也因此患得患失、陷入不安。

但人心就像是漏气的皮球，
需要持续地注入“爱”之气，才能保持原状。

爱，是治愈不安的良药。
此时此刻，你的心里，
注入了多少“爱”之气？

艺术，
帮助人们发现平淡生活中的美。
艺术家，
是懂得发现日常生活中美的人。

如果，

是爱让你从一个普通人身上发现了美，
那么，你就是伟大的艺术家。
因为你的眼里充满了爱。

一切都是最好的安排

那天，我要搬去另一个小区，
跟老邻居们道别。

“才回来啊？”
“现在就要走了吗？”
小区的保安大叔，总是面带笑容，
以至于让人觉得他的皱纹都在笑。

“别让你儿子再长高了！”
小摊上奶奶做的零食，是我那傻大个儿子的最爱；
小区咖啡店的服务员，总记得我喜欢喝哪种咖啡……
离开这里，最让人依依不舍的，
就是这些不能再常常碰面的人。

住进新小区才发现，
机器远比人多。
最先进的保安系统代替了保安大叔，
出了故障，住户也不用再找修理工，
按下按钮就能解决问题。

我见识了好多新机器，
虽然方便，但心里空落落的。
新小区给人的感觉陌生极了，
我无法先迈出一步接近别人。

有一天，下着小雨，
我走在小区的林荫道上，

“等一下！请等一下。”
听到有人喊，我吓了一跳，赶紧站住。
路对面的阿姨赶忙跑过来，
在我眼前拿起了什么，
原来是一只幼小的蜗牛。

“这些家伙一下雨就爬到这儿了，总被踩死。”
阿姨拿起这只险些被我踩死的小蜗牛，
放到了旁边的草地上。
我开心地向她打招呼：“你好，我刚搬过来，
认识你很高兴。”

阿姨的脸庞闪着光，我从此多了一个散步的同伴。
美好的相遇，让我觉得小区也变美了。

一天早晨，我在小区咖啡店里喝咖啡，
钱包落在了店里。
在外面忙了一整天，晚上约了人一起吃饭，
结账时才发现钱包丢了。
开车返回，要一个多小时，我已然绝望。
一整天过去了，人来人往，
钱包肯定被人拿走了。

我气喘吁吁地赶到咖啡店，
服务员问：“您是在找这个吗？”
一边说一边递过来钱包。
小区里的人真好！这个小区真好！

澡堂阿姨把她在空地上种的茄子拿来跟我分享，
大叔在巷子里放的盆栽让路人赏心悦目，
老爷爷在学校前面指挥交通保障学生安全，
老奶奶带着老花镜坐在长椅上看书……

好邻居的数量一天天增加，
每天都有新发现。

我建起心墙的时候，没有遇到他们，
我打开心扉先行迈出一步，就看到了他们。
今天也是，是我先打的招呼：
“你好呀，今天天气不错哦！”

对方的脸庞舒展开来，
又多了一个好邻居。

印度出身的心灵导师室利·阿罗频多，
曾在演讲中说过这样的话：

去往理想家园的道路，
只有通过彼此的心，
才能抵达。

我不需要眺望远方，
梦想乌托邦般的世界，
我们小区正是这样的地方。

你对今天满意吗

现实总让人觉得步履维艰，
过去总叫人怀念，欲语还休。
所以，我们总说“曾经真好”，
想念过去的美好，憧憬曾经的岁月。

有一个男子，夜夜旅行，
穿行在我们向往的过去。

伍迪·艾伦执导的电影《午夜巴黎》，
开场画面中，
巴黎街道淅淅沥沥下着雨。
美国作家吉尔正在巴黎旅行，
他在夜晚的街道散步，上了一辆车，
令人吃惊地来到了1920年的巴黎酒吧，
遇见了《了不起的盖茨比》的作者菲茨杰拉德，
以及《老人与海》的作者海明威。

然而1920年的人向往的是更早一些的年代。
于是，吉尔来到了他们向往的18世纪末，
遇到了生活在那个时期的高更、德加和马蒂斯。

然而，那个时代的人们，
又向往能回到文艺复兴时期。

最终，电影告诉人们：

当下，就是你在找寻的黄金时代。

几乎所有人都感叹光阴似箭，怀念往日时光：
“过去真好。”

每个人心中都有一片乡愁，
渴望回到过去，
然而时光难倒流，
不要忘了，你拥有的就是最珍贵的，
此时此刻，灿烂的阳光，还有陪伴在你身边的人。
现在这一刻，很快也会随风而逝。

活在当下，

不要幻想无法预知的遥远未来，
也不要总怀念无法挽回的往日时光。

我们找寻的，
黄金时代，
是眼下这一刻。

不要忘了，
你拥有的就是最珍贵的，
此时此刻，灿烂的阳光，
还有陪伴在你身边的人。
现在这一刻，很快也会随风而逝。

» 我来过，我看见

那天，我去参加选举投票，
正要下车，
看到一对新婚夫妇，
婚纱礼服盛装在身。
周围还有很多像是新娘新郎朋友的人。
我心里想“头一回见到结婚时来投票的人”，
一边笑着，一边听到新郎官说：
“我正在从美发店去礼堂的路上，她一直闹着要去投票。
可马上就到典礼时间了……”

新娘说：
“结婚典礼很重要，可是投票也很重要啊！”

新郎官紧紧牵着新娘的手，
新娘的发型师，拿手捧花的朋友，
还有新郎官的朋友紧随其后，
大家一起走进了投票站。

大喜的日子都不忘公民权利，
这对年轻夫妇看起来美极了。

他们笑容甜美，
仿佛手里的一票代表了他们白头偕老的未来。

也许有人会觉得，
投票并不是什么大不了的事，
穿着婚纱去，太过怪异。
但是，忠实履行自己的权利和义务，
这样的优良美德一定会传承给后代。

吴郑熙在小说《鸟》里，有这样几句话：

正如我们昨天才看到的遥远星光，
所有的往日痕迹，
都会在遥远的将来，
给那些等待着的人带去美好。

星光过了很久才抵达地球，
我们看到的星星是很久以前的星星。

此时此刻，
我们画下的星星，未来会有人看到，
我们种下的绿树，未来会有人乘凉。
我们无从获知那片星光、那片树荫会有多大。
也许，现在的平淡无奇，
在不远的未来会闪闪发光。

有时我们会感到迷茫，不知到何时付出才能得到回报。
有时我们会觉得虚无，不知到何时努力才能光耀门楣。
我们因此费尽心思。

其实，我们的存在本就充满价值，
某一天我们会离开这个世界，
但，风过留痕，雁过留声。

肩膀上的人生

有一个从事专业按摩的人，
一眼就能从人的肩膀猜出对方的职业：

“您是钢琴家吧？”
“您是运动员吗？”
“您是作家吗？”
“您是老师吧？”

肩膀不光表露人的职业，还会暴露人的情绪。
伤心时，肩膀比眼睛先哭泣；
生活艰辛时，肩膀比心先塌陷；
感到痛苦时，肩膀最先倾斜；
遇到好事时，肩膀会轻轻上扬；
碰到有趣的事时，肩膀会先跳起舞来；
……

看一个人的肩膀，
就能猜测出对方近况。

电影《Tube》中有这样一段独白：

不论是谁，看看他的肩膀，
就能看出他的职业、思想和生活。

结实的肩膀，耷拉着的肩膀，失去平衡的肩膀……
我们生活的痕迹都完整地刻在了肩膀上。

肩膀承载着我们的人生，
此刻的你，有一副什么样的肩膀？
应该不会很寂寞吧？

尽可能地抬高你的肩膀吧，
人生会因此变得更加敞亮。

最有价值的事

特蕾莎修女在选拔“爱的传教会”工作人员时，
标准非常简单。

刚刚大学毕业的女生来找特蕾莎修女，
特蕾莎修女只问了她三个问题：

你爱不爱笑？
你吃饭香不香？
你睡得可好？

“嗯。”
女学生的回答是肯定的，
特蕾莎修女给了她一个温暖的拥抱。

“爱笑，好好吃饭，好好睡觉”，

是特蕾莎修女对她们仅有的希望和条件。

爱笑，
说明你有一颗积极向上的心；
吃得香，
说明你对生活充满了期望；
睡得香，
说明你身心健康。

没有什么比这些更重要了。

这个社会过多地要求文凭，
人们投入整个青春以得到更多的文凭……
这样真的对吗？

我们真正需要的是什么？我们本应该是什么样子？
如果我们能细想一下生命的本质，该有多好！

亲切的力量

一家商店能有回头客，
往往因为店主人亲切随和。
与那些能干优秀但态度生硬的医生相比，
人们更愿意找那些待人亲切的医生。
就像电影《辛德勒的名单》一样，
一颗亲切的心能够拯救地球。

亲切的微笑能把商店的销售额提高100倍，
亲切的话语能让医生插上天使的翅膀，
亲切的关怀能够拯救地球……

我相信，爱、温柔、宽容、亲切，
是战胜所有困难的最强力量。

阿尔贝特·施韦泽在他的著作里这样说。

他是牧师、大学教授和管风琴演奏家，
在得知非洲人因为没有医生而遭受痛苦后，
他学习医学，到非洲为患者治病疗伤。

1952年，他用诺贝尔和平奖奖金建立了麻风病院。
他把一生献给了公益。
关于亲切的力量，他是这样说的：

你对这个世界的亲切，
会映射到其他人的心中。
把亲切付诸实践，
就像手中拿着一根让你力量倍增的杠杆，
去撬动沉重的行李。

他说，
一颗爱人的心，
一颗亲切待人的心，
远比知识、信念、智慧和才能重要。

此时此刻，你对别人的爱是什么样的？

亲切的力量，比拳头强大，比枪炮猛烈。
亲切，
是让世界都会让步的能量。

» 和气生财

美国独立宣言的起草人，
托马斯 · 杰斐逊说过这样一段话：

没有电灯的房间里，
如果有蜡烛但不点，会怎样？
同样，如果几句和气的话，
可以让对方心情畅快，营造愉快的气氛，
你却选择不说，
这和节省蜡烛待在黑暗里是一样的。

我们的语言，
可以是一把尖锐的刀，
也可以是一朵柔软的棉花。
究竟如何，全在于我们的选择。

有些人自豪地说自己是“毒舌家”，
当然，有时可能需要“毒舌”，
但是认真反思一下，
很多时候是不是有更好的选择？

有些事的确需要较真，
有些事的确让人不得不发火。
而托马斯·杰斐逊的建议是这样的：

当你觉得怒气冲冲，
想要说什么或者做什么的时候，试试从1数到10。
假如心中还是一把怒火的话，试试接着数到100。
如果数到100也不能消气，那就数到1000。

我们说出的话，
一些要谨小慎微、惜字如金，
一些要毫不吝啬地多说多讲，
其中最不应该藏起来的，
就是赞美、感激和表达爱的言语。

家人之间也有一些该说的和不该说的话，
往往，我们选择的多半是一些不该说的话：

“你不行。”
“你究竟是怎么做事情的？”
“你懂什么啊？”

我们习惯说一些质疑别人的话，
因为对方是家人，所以才能无所顾忌地伤他们的心；
因为无所顾忌，才说一些让他们难过的话。
其实，家人才是我们最应该包容和袒护的人啊！

试试下面这些话吧，把它们变成你的新口头禅吧！
“会好的。”
“我相信你。”
“我会一直陪在你身边。”
“有困难时，记得告诉我。”
“我来帮你。”
“理解万岁。”
“别伤心了，我懂你。”
“谢谢你。”

人与人之间真正需要的，

是通过一桩桩小事，建立起来的感情。

你一言，我一语，

才汇成了“我们”。

人与人之间，
真正需要的，
是一桩桩小事上的互相理解和包容。
你说，我懂；
我说，你懂。
“我们”是最美的称呼！

相由心生

那天，我急着坐地铁，
下台阶的时候听到后面有人在叫：
“喂！喂！”

我以为是在叫别人，
结果这个声音一路追了过来：
“等一下！等一下！”

回头一看，发现一个50多岁的阿姨正气喘吁吁地追着我。

“您怎么了？”
我警惕地看着她递过来一张5元纸币。
“这是你落下的。”

这应该是我从钱包里拿公交卡的时候带出来的。
感谢阿姨捡到我的钱，
还一路追着还给我。

她的脸折射出她的生活，
那是一张遵纪守法的面孔，
一张善良的面孔。
在世人眼里，她也许算不上漂亮，
但我觉得她像天使一样美丽。

阅读约翰·德农修的《灵魂之友》时，我在下面这些句子底下划了线：

你的经历都写在了脸上，
你的脸庞折射出这个世界；
生活审视着你的脸庞，
你的脸庞则印刻着生活给予你的东西。

我们的脸庞，
在坚固的骨骼下，
有着纤细的神经，
还有想象和直觉，爱与憎，欢喜和恐惧。

世界上60亿人有着各自不同的面孔，
各自记录着生命中的得到与失去，
最终形成一副副极具个性特征的面孔。

时间在我们脸上留下烙印，
藏着一个个故事。
我们的脸不再是简单的眼睛鼻子和嘴巴的组合，
还包含着人生中的故事。

哪怕是为了自己的脸，
我们也要存好心，说好话，
行好事，做好人。

爱让我们一路同行

大学校园的清晨，
往常鸦雀无声的教研室走廊突然骚动起来，
“嗒嗒嗒”，一种啄东西的声音响了起来。
学生们跟着声音围了过去，
原来是一只被困在窗框里的小鸟。

大家都以为它能飞走，
然而随着时间的推移，小鸟啄窗框的声音越来越密集，
学生们这才意识到事情的严重性。

窗框的口太小，小鸟无法靠自己的力量出来。
它焦急地啄着窗框，
发出求救的信号。
想要救出小鸟，需要在窗框上捅一个洞。
办公室职员翻遍整个学校，找到了能用上的工具，
开始营救小鸟。

他们从3楼窗户外，往窗框上打孔，操作难度极高，
嗒嗒，嗒嗒……
过了几分钟，终于打好了孔。

大家这才看到小鸟的样子。
那是一只大山雀，
不足一拃长，
扑棱棱地用嘴啄着窗框。
它身上的毛稀稀落落。
大家小心地把它拿出来，扔向天空，
小鸟扑棱着翅膀，飞向了远方。

那一整天，大家心里都觉得暖暖的。

我们与地球上的各种生物是共存的。
小鸟和人类一样，都生活在这个星球上。

环境的意思其实是“环绕在我们身边的世界”。
人类、鸟、青草、树木……
我们是彼此的邻居。

东学思想有这样一句话：“一碗饭是千古真理。”
想做出一碗米饭，
需要宇宙万物的共同协作，
蜘蛛、蚱蜢、蚯蚓、风雨、阳光，
还有人类的劳动，等等。
所以，人类和自然不可分离，
世间万物皆有生命，互相依存。

拯救幼小的山雀，
正如拯救我们自己，这件事正是对“爱”的实践。

我不会从树上摘下半片叶子，
不会践踏美丽的花朵，
并且会小心谨慎不踩死路上的虫子。
如果要在夏日的灯光下工作，
我宁愿紧闭窗户，呼吸沉闷的空气，
也绝不愿看到断胳膊少腿的飞虫一只又一只掉落在我的桌上。

正如施韦泽说的这些话，我们应该反思，
是否因为自己的一己私念便任意伤害过弱小的生命。

漫步街边，你会看到：
各种树木、青草、花朵、鸟儿、虫子……
它们都是珍贵的生命，
我们的生命仅此一回，
它们也是一样的啊！

爱如玫瑰，香满世界

俄罗斯歌手阿拉·普加乔娃的歌曲《百万玫瑰花》，
是一首诉说悲伤故事的歌曲。
19世纪末，穷画家尼科·皮罗斯·马尼什维里，
爱上了一位女演员。

100万，100万，100万朵玫瑰花，
堆满在，堆满在，堆满在窗户下；
多情人，多情人，多情人真痴情，
为了你，把一生变成玫瑰花。

之前，穷画家靠卖画勉强买了房子，
爱上女演员后，他卖掉房子和谋生的画布，
只为买100万朵玫瑰花。
这个坠入爱河的男子，
赌上自己的未来，
只为看到爱人幸福的脸庞。

只有爱情，
会让人失魂落魄，幸福满溢，
会给人生活在云端的力量。
爱情摄人心魂，
让人深陷其中，无法自拔。

爱情犹如一杯美酒，
总能让人沉醉其中。

法国作家司汤达说：

再圣明的人，
也会被爱情蒙蔽双眼。

俄罗斯有这样一句谚语：
“没有面包就不能工作，没有伏特加就没法跳舞。”
浪漫的俄罗斯人更认为，
爱情不能缺少玫瑰。
就算饿肚子，
也要给爱人买一朵玫瑰。

给爱人买她欢喜之物，
纵使倾家荡产又如何？
打开钱包买束花又怎样？

今天天气真好，
我如此想念你，
我想与你共度此生……

找个理由，找个借口，
买一束充满爱意的鲜花吧！

风雨之后更见彩虹

西蒙娜·韦伊在《重负与神恩》中说：

不要祈求不受痛苦或者少受痛苦，
要期望不会因为痛苦而改变自己。

人活着，都会经历痛苦，
痛苦让人产生变化。
经历过痛苦，
有的人变得更好，更成熟了，
有的人却一蹶不振，就此沉沦。

我评价一个人时，
不看他的履历，
而关注他在失败或痛苦后的感悟。

有很多人在痛苦中获得成长，
在痛苦中的蜕变，让人生出现新的可能。
奥普拉·温弗莉就是其中之一。

《奥普拉脱口秀》在全世界145个国家播出，
感动了全世界700万名观众。

实际上，奥普拉·温弗莉是个童年不幸的孩子，
出生后不久，她未婚产子的妈妈就把她送给了亲戚，
她自小在亲戚家长大。
因为贫穷和种族问题，她备受煎熬，
一路走来，艰辛异常。

奥普拉·温弗莉经历这些之后，
在斯坦福大学的毕业典礼演讲中说：

连这样的我都努力了，你也能做到。
擦掉眼泪站起来，去学习，去交朋友！

德国著名作家路易丝·林泽尔，
在其小说《人到中年》中说：

动物只是单纯地遭受痛苦，而人类懂得将其升华。

痛苦过后，你会变成什么样子?
会有更深邃的眼神，更善良的心吗?
还是会从此与善良分道扬镳?

只有你自己，
才能修复暴风雨造成的废墟。

即使被痛苦淹没，凄惨哀泣，
也不要忘记自己的本性。
无论处于怎样的逆境中，
也不要放弃自己。

心怀善念，勇敢地微笑吧!
善良比恶念更强大，
勇气比武力更强大。

生活，充满奇迹，
跨过这座桥，
拐过那个弯，
就会有奇迹发生。

人生慢一点，幸福多一点

现代人喜欢及时答复，迅速处理，
所有事情都要立刻解决。
于是，“等待”成了现代人生活中的大麻烦。

曾经，照亮黑暗是件难事，
一根火柴棍，
一盏油灯，
都是获得光明的珍贵火种。
每个夜晚，用嘴吹吹，
擦擦烛台，添添灯油，
那时，我们是那么用心地驱逐黑暗。

如今，这件事变得如此简单。
我们甚至都不用按开关，
感应器在我们走进黑暗的瞬间，
就点亮了一盏灯。

曾经艰难的事变得容易实现，而我们，
是否也因此更容易遇事轻言放弃？

我如此努力，为何没有结果？
我殷切祈祷，为何只有不幸？
我们因为很多事情而焦躁不安。
因为这是一个难以置身事外的快节奏时代。

电梯给现代人带来了便利，
但它不会帮助你实现梦想。
实现梦想没有捷径，
一步一步踩着梯子，一步一个脚印往上爬；
克服困难，在别人的鼓励声中努力向前，
一步一步坚持不懈地爬向更高的目标。
伊丽莎白·库伯勒·罗斯与戴维·凯斯勒，
他们共同创作的《人生的功课》里说：

没有一蹴而就的梦想。
如果你说，你想要一颗无花果，
我会告诉你，
这需要时间，
开花、结果、成熟，
你要给它们时间。

等待，是一件需要耐心的事。
首先，我们要练习接受坏事的能力。
不能因为你爱的人没有回应你的爱，
就强迫一段爱情继续发展。
身患绝症的人，更要知道疾病的治愈需要时间。
不能因为自己的梦想没有实现，而归罪上天。
坏事总让我们变得不幸，
但我们无法通过愤怒扭转现状。

我们无法逆转过去的不幸，
但我们能让余生变得更加精彩。
你无法说服一个人爱上你，
但你可以让自己宝贵的时间和热情不被浪费。

平凡中藏着奇迹

沃尔夫冈·博尔谢特在其短篇小说《厨房的钟》里说：

现在我才知道，那就是天堂，
真正的天堂。

战争结束后，
20岁的青年怀抱一个钟，
朝长椅上坐着的人们走去，
向他们展示他怀里的钟。
钟上的指针停在了2点30分。
人们问：
“你的房子是在2点30分被炸的啊？”

青年说，
自己常常在半夜两点半回家，
开门时的动作总是很轻，
可母亲总能听到他回来的声音。
每当他在漆黑的厨房里找吃的，
厨房的灯就突然亮了。

母亲总是站在那里，光着脚。
她睡眼惺忪，一边揉眼睛，
一边准备给晚归的儿子做饭。

“又这么晚？”
她说。

她就坐在那儿，一直看着青年吃饱为止。
等青年回房后，母亲留在厨房收拾碗筷，
叮叮当当的声音总能让他甜甜地进入梦乡。

时间停在了这一刻，
母亲、父亲，连带着平静如水的日子，
消失了。
废墟里只留下这只钟，
指针停在了支离破碎的那个时刻，
现在他才知道，那一刻之前其实是天堂。

如果能让时间停留在最幸福的时刻，
你想停留在什么时候？

能够放在宝石箱子里永远珍藏的时刻，
不会被生活中的任何不幸破坏的时刻，
你绝对不想遗忘的时刻……
往往都是那些当初认为最平凡的时刻。

与喜欢的人相对而坐，眼神交流，
就是我们所追求的、
天堂般的时刻，
是让人想要永远握在手心的时刻。

有些事不会成为新闻，
有些事不会被改编成电影，
有些事因为太过朴素而显得有些无足轻重，
但，那就是奇迹。

你在爱人的眼里是否看到了永恒，
哪怕只有一瞬间，
它的名字叫奇迹。

如果你不在意，
它会从你身边静静掠过。

所以，请珍惜每一个瞬间，
也许你会发现奇迹。

我们无法逆转过去的不幸，
但我们能让余生过得更加精彩。
你无法让一个人爱上你，
但你可以不再浪费自己宝贵的时间和热情。

活成一棵树

它接受命运无序的安排，
一生待在原地，毅然决然。
它想要敞开宽大的胸怀，
与大地上的所有生命共存。
这是我应该学习的人生哲理。

这是于钟英的著作《像树一样活着》的序言。
我重重地做了标记，
就像在记录自己的期待。

它总是站在那里，让我们倚靠，
靠着它，仰望天空，蓝色尽收眼底。
我伤心时，枝头的鸟儿给我唱歌；
我想要叹息时，穿过树间的风儿给我安慰；
心中割舍不下，难以自拔时，
它抖落纷纷落叶，
教会我“舍得”与“离开”的人生哲学。

它总是毫不吝啬地付出。

春天，带给我们清新的空气；
夏天，为我们带来片片绿荫；
秋天，带给我们累累果实；
冬天，为我们备下充足的柴火。
即使有一天被锯掉，剩下的树墩也能成为人们休憩时的凳子。

黎明，它积攒露珠湿润空气；
清晨，它聚集山雀在枝头歌唱；
傍晚，它摇动树叶送来清风；
深夜，它一片寂静伴你入睡。

它站在那里，
像一个爱情哲人。
告诉你，
相爱的人别忘了安静与等待。
我想学习它这份爱的哲学。

它默默站在那里，无论风霜雨雪、酷暑炎热，
像个战士一样，威风凛凛，我想像它一样。

走在树下，总是让人变得谦虚；
走在树下，总是叫人想起心中的爱人。
这大概是因为，
它是人生的哲学家，也是爱情大师吧。

永恒的回忆

手表、挂钟、壁钟、闹钟和座钟，
在世界各地滴滴答答地走着，
指向不同的时间。

窗外，大自然是我们最准确的钟表，
它送来太阳，告诉我们白天来了；
它送来晚霞，告诉我们夜幕降临了。
它也这样滴滴答答地走着。
这种感触动人心弦，是人生中最珍贵的东西。

清风吹过发梢，我抬头望向远方，
那个占据我心房的人，那个遥远的梦想，
都定格在了这个瞬间，
恒久不变。

王家卫导演的电影很受关注，
他的《阿飞正传》中有很多钟表画面，
秒针的声音反复不停，时钟指向了特定的时间，
一个男子对足球场售票的女子说：
“你看表。”

现在是1960年4月16日3点，
我们一起待了1分钟。
我不会忘记这个时刻，
只属于我们的珍贵的1分钟。

与喜欢的人在一起，时间长短并不重要，
重要的是，
哪怕只能待在一起1分钟，哪怕只有1分钟，
也能充分感受到爱。
与爱人相濡以沫的时间，
像一碗经年累月熬成的浓汤。
对一件事的回忆或许不会带来多浓烈的情感，
但数十件、数百件汇聚在一起，就会璀璨夺目。

儿子上学时，我工作总是很忙，
没有太多时间跟他在一起，
但我尽量亲自送他去上课。
一来一回的路上，我给他听我喜欢的歌，
跟他聊有关这首歌的话题。
就这样，我们喜欢的音乐类型越来越相似。

听着我车里放的音乐，
他跟我讲学校里发生的事情，
我跟他说电视台发生的故事，
这些都成了我们的回忆。

是我们共同拥有的记忆。

那些琐碎的记忆，
是支撑我前行的力量。

很多回忆似乎不是什么特别的事情。
一起听着音乐，聊聊音乐；
一起手牵手走在小区的巷子里；
一起捡落叶，感受季节更替；
一起摆弄花盆；
一起仰望天空；
一起听演唱会；
一起看电影；
一起做东西吃；
一起读书；

一起去书店；
一起唱歌；
一起跳舞；
一起去市场上买血肠吃；
一起去水产市场，看到奇形怪状的鱼，然后被吓一大跳；
一起开玩笑，又冷场，然后咯咯咯地笑……
所有这些都是回忆。

这些互相了解，相知相爱的瞬间，
都会成为回忆。
回忆，
是一个超强引擎，
用尽全力推着我们前行。

爱让你魅力四射

如果克里奥帕特拉的鼻子再短一点的话，
整个世界的面貌将为之改观。

帕斯卡的这句话，让克里奥帕特拉闻名于世。
克里奥帕特拉，
成功地操纵了英雄凯撒和安东尼，
是巨变时期执掌大权的埃及女王。
如果凯撒或安东尼没有拜倒在她的石榴裙下，
那么世界古代史可能要改写，
她究竟是怎样的一个美人呢？

大英博物馆里展览着《克里奥帕特拉传》，
除此以外，
还有与她相关的雕像、花瓶、宝石和画像等。
最引人注目的是用黑色大理石还原的雕像。
她的样貌与我们想象中完全不同，
脸庞平平，身高1米5左右，
乱七八糟的牙齿，还有尖尖的鹰钩鼻，

考古学专家苏珊·沃克博士强调：

“克里奥帕特拉的神话太荒谬。”
与其说克里奥帕特拉长得好看，
不如说她很有才气。
她精通几个国家的语言，
是个聪明机智、幽默风趣的人。
她的智慧与幽默，
是无人能及的个人魅力。
所以，我们应该把美人的定义改一改，
不是“克里奥帕特拉的鼻子”，而是“克里奥帕特拉的智慧”。

男人也一样。
他的谈吐、智慧、才能，
决定了他的个人魅力。

那些眼神温柔，人性丰满的人，
是我认为非常有魅力的人。

盐野七生在《罗马人的故事》里说：

这个世界上一半的男人，
加上这个世界上一半的女人，
拥有魅力的方法可以概括成一句话，

爱生活，爱自己。
这将成为你的魅力。

推倒心墙

东野圭吾的长篇小说《信》，
描述的是关于偏见的痛苦。
狱中的哥哥给弟弟寄信，
弟弟却因为“罪犯弟弟”的身份过得痛苦不堪。
哥哥为了弟弟一时冲动犯了罪，
被判15年有期徒刑。
哥哥被加上了罪犯的烙印，
弟弟是他在这个世界上唯一的亲人，
而弟弟却无法原谅哥哥。
他想摆脱“罪犯弟弟”的社会偏见，
他知道哥哥为何入狱，
但仍然无情地断绝了与哥哥的联系。

人们冷酷的偏见，无心的成见，
是这世上最残忍的刑罚。

偏见，像一根坚硬的骨头，
伤心伤肺。

职业、外貌、籍贯……

种种偏见影响着人们的人际关系，
误导着人们的价值观。
我们按地区划片，
对别人的学历评头论足，
按物质财富评判一个人在社会上的地位，
如今，连血型都成为一种标签。

没有真正交往就去评价一个人，
未免太过偏激。
带着偏见看人，
就像用一只眼睛看世界。
于我们而言，最紧迫的事情，
难道不是打破偏见这堵心墙吗？

每个人的心里都竖着一道墙，
推倒它，你才能拥有更完整的判断力。

此时此刻，

我们画下的星星，
未来会有人看到，

我们种下的绿树，
未来会有人乘凉。

我们无从获知那片星光、
那片树荫会有多大。

也许，现在的平淡无奇，
在不远的未来会发出璀璨光芒。

无私的爱

家庭是什么？
男女相遇相知，结婚生子；
在孩子长大的过程中，
一起伤心流泪、分享喜悦；
抱着发高烧的孩子，朝医院狂奔；
参加孩子的入学仪式和毕业典礼；
一起照顾生病的家人，为对方担忧；
家庭经由时间长河构筑，
虽然短小，却很伟大。

这是一段历史。
美索不达米亚的历史是历史，
家庭的历史也是伟大的历史。

这是电影《我们的故事》里妻子对丈夫说的一段话。

爱、恨、和解、担忧、烦恼、喜悦和伤心，
时间一点点地流逝，感情一点点地累积，
在我们感到绝望时，
家庭给我们力量，让我们坚强，

治愈伤痛，努力前行。

这就是家庭，
家庭的历史比其他任何历史都要伟大。

电影《大河恋》中父亲说的话总让人无法忘怀：

我们最亲近的人,常是我们最捉摸不透的人。
但我们还是要去爱他们,
我们可以完完全全去爱一个我们完全捉摸不透的人。

即使不理解，也可以毫无保留地去爱对方……

这正是我们爱家人的方法。
说教、分析之前，
先给他们一个大大的拥抱，
无条件地给他们爱和支持，
这才是家人。

所谓家人，
是发烫的额头上的湿毛巾，
是治愈伤口的特效药膏，
是疲倦时可以逃离的出口，
是这个世界上的小宇宙。

饭桌是记录家人的日记本

我脑海中，存留了很多饭桌上的记忆。
我们一家人围坐在一起吃早饭、晚饭，
自然而然地变成了父亲的训导时间。
所以孩子挨骂的事时有发生。
从用餐礼仪、学习成绩到节约资源等，
父亲总有没完没了的忠告。
母亲不让父亲在饭桌上训导我们，
但只有在吃饭的时候，大家才能坐在一起，
所以，也只能这样不得已而为之。

我们总围坐在一起，
谈论一天中发生的事情，
伤心的事，有趣的事，
为对方担忧，给对方鼓励。
现在，一家人坐下来吃饭的时间越来越少了，
甚至连电视剧里一起吃饭的场面都在消失。
因为人们没时间和家人坐下来吃饭。

和家人一起坐下来吃饭的次数，
少到一只手就能数得出来。

早晨，父亲独自一人吃点燕麦片就匆忙去上班了。
在他坐过的座位上，
孩子们又匆忙吃点面包块去上学了。
大家都走了以后，母亲又独自坐着凑合着吃点儿。
到了午饭时间，家人们各自在不同的地方吃饭，
晚上，按照每个人回家的先后顺序，
各吃各的。

于是，家、饭桌，
已经变成了大家临时停靠的公交站。

仔细想想，饭桌上刻着一个家庭的历史。
饭桌前，
母亲叹过气，
父亲喝过酒，
孩子们挑肥拣瘦，
趴在上面写作业，写着写着就睡着了，
给初恋写过信，
父亲一边看报纸，一边埋怨世事变迁，
母亲记录家庭的日常开销。

尽可能多地和家人一起吃饭吧。

即使没有时间，没有空闲，
也绝对不要舍弃，
一家人围坐在饭桌前谈笑风生的快乐。

有太多的家庭，生活在“一起”，但“各自”孤独寂寞。
我们像是茫茫大海中散落的小岛，
不要再让你爱的人独自一人坐在饭桌前。

爱即永恒

翻看相册，我的视线停在了一张照片上，
那是我们姐妹四人和父亲一起去海边玩耍时拍的照片。
四姐妹穿着个性泳装，嘴里吃着什么，
父亲穿着泳裤，戴着草帽，面带笑容，一脸帅气。
那时的父亲真年轻。

这张照片，
总让我想起忙碌的父亲。
父亲做了一辈子的公务员，
闲暇时也不愿休息，
做着这样那样的副业，节假日还去果园里干活。

父亲非常忙碌，
但会经常带我们四姐妹去海边，去爬山，
可惜没有拍太多照片，留住这些美好。
现在去海边，我也总会想起父亲。
我们开心地玩，父亲则一脸满足地看着我们。
那时的我喜欢坐在沙滩上堆沙堆，
父亲总是走到我身边，
告诉我，跳进海里去游泳吧。

有关父亲的温暖回忆，
支撑着我的人生，令我不至于消沉。

我们花时间为所爱的人编织幸福的回忆，
绝不是浪费，
而是人生中最大的收获。

聪明的人不会总说自己很忙。
他们比别人勤快，
但懂得在时间里找寻并享受幸福的瞬间。

人们把岁月分割成便于管理的时间，
但为什么要找各种忙碌的借口让自己手足无措?
为什么要让深爱的人孤独寂寞?

没人能留住时间，
但我们可以把记忆储藏在时间长河里。
此时此刻，你的时间长河正种下什么样的种子?

我永远不会把你遗忘在疲惫的灵魂里。

就像安娜·格尔曼在《闪耀吧，我的星》里唱的一样，
时间，没有消失，
而是被藏了起来。

做好迎接幸福的准备

如果能留存一段童年的美好回忆
那将成为未来生活中最有价值的东西。
这样的回忆多多益善，
拥有者会一生受益无穷。
即使我们心里只有一段美好回忆，
它也会在某一时刻成为拯救我们的力量。

这是《卡拉马佐夫兄弟》的结尾部分，阿廖沙说过的话。

我没什么财产留给孩子，
即使有，我也不准备留给他们，
这一点，我已经告诉过他们。
儿子要我把书架上的书留给他，
那些书，我读过，标记过，旁边还做了笔记，
他喜欢这样的书。
但我觉得把这些书留给他也不太合适，
收藏这些书做什么？
所以，每次搬家，我都会把书捐赠或送给周围的人。

作为父母，我一无所有，

但我也有东西留给他们，
那就是旅行的回忆。

和孩子一起旅行的回忆，
比其他任何回忆都要长久。
和孩子一起旅行，
比送他们去上学还重要。
所以，即使不是假期，我也会带着他们四处游走。
这便是我留给他们的东西。

旅途中的某个瞬间，孩子的心里会开出梦想的花朵。
在济州岛海边抓螃蟹时看到的碧波，
在釜山札嘎其市场听到人们生活的声音，
在浮石寺闻到的苹果香，
每一个美好瞬间都记在了他们心底。
旅行让他们的灵魂更加成熟，让他们心中怀揣梦想，
让记忆得到了延伸。
旅途中，我们一起分享平时没能说的话，
家里的境况，朋友的事情，各自的梦想，
旅行让我们敞开心扉，畅所欲言。

旅行会让人变得感性，
会像魔法一样让人变得坦诚，
旅行像一把钥匙，打开了一直紧闭的心扉。
旅行让人有机会分享彼此的世界观和人生观，
旅途中的对话会变成回忆，弥足珍贵。

准备旅行的过程要比踏上旅程更让人激动。
看着地图，用手指摸摸要去旅行的地方，
想到要去远方，难免内心伤感。
期待新的相遇，又对过去恋恋不舍。
按照目的地的天气准备衣服鞋袜，
收拾行囊，订机票、火车票……
旅行前的准备工作让人心生欢喜。

你是否也曾踏上旅途?
想要忘记一切，
想要忘却一个地方的人或事。

明天和意外，
你永远不知道哪一个会先来。

这是一句中国谚语。

旅行最大的魅力是“未知”。
未知，让人带着想象力重新审视这个世界，
去过的地方再去旅行又会有新的感受。
旅行时的心情不同、季节不同，
旅途中的感受就会发生新的变化。
如果还不具备旅行的条件，
回忆一下过去的旅程，构想一下未来的旅途，
也足以让人觉得幸福。

父亲的脊梁

有一天，我看到了朴顺哲画家的水墨淡彩画《雨下》，
它挂在展厅，就那么安静地待在那儿。
我停住脚步。
我看到画里的一位父亲。
那不就是我的父亲吗?
微微弯曲的脊背上，总背着一个小小的我。

虽然我不记得父亲背过我，
父亲应该也不认为他背过我，
但实际上父亲无数次地背过我。
起风时，
父亲背着我在风中行走。
下雨时，他又背着我、撑着伞在雨中前行。

即使父亲脊背弯曲，再无力气，
也总是把我们背在背上。
他的背上，背着子女，
还背着父母、妻子和孙子，
以及未能实现的梦想和过去岁月里的无奈。

父亲的背总是很沉重，
因为他肩负着整个世界在行走。

父亲替我背着我人生的重量，
所以无论是风中的山坡，还是雨中的江河，
我都能跨越。

记忆里的父亲总是那么强壮，
后来的父亲，会在下雨天，
撑着一把破烂不堪的雨伞，
肩膀和背微微弯曲，踉踉跄跄地走着。
父亲，越来越衰弱了，
我想告诉他我是多么尊敬他。
但他已去了另一个世界，我们再无相见的可能。
但那又怎样，我用心呼唤，他就会听见。

我仍然仰望着父亲的脊梁前行，
他的脊梁，是我人生方向的引路人。

付出与收获

上小学时，
我曾跟姐姐诉苦，吐槽一个朋友：
“那家伙每天借我的东西，借了还不还。”

姐姐跟我一样生气：
“怎么还有这样的人？以后别再借给他了。”

这时，旁边做针线活的母亲说话了：
“你就当成一种储蓄好了。”

我们听不懂这句话的意思，
歪着头看着母亲，她又说：
“不要光存钱，你对朋友的所作所为也是储蓄。”

我一直记着母亲这句话，
因人际关系感觉疲累的时候，就总想起这句话。

“好吧。我就当成一种储蓄。再给对方一次机会，继续付出。”

对方与我三观不合，那我不再见他便是。
但如果志同道合，就需要一颗结伴同行的心。
仔细想想人际关系让人觉得累的理由，
似乎是我们总想着付出就要有回报，得到就要再给予。
但是，生活又怎会与所有规则道理完全一致？
我们一直为一些人付出，也接受别人的付出。
我们全心全意地为对方着想，
用尽全力去帮助对方，
甚至觉得自己像个傻瓜。

但是，真正的人际关系应该是无条件的，
不去想“我做了这么多，就应该得到这么多”，
不去想“我这么努力，你也要努力”，
而是单纯地觉得我喜欢这样做，仅此而已。

人际关系也是储蓄。
当你为对方付出，
没有回报时，你也许会因此泄气。

但某一天，你会从别人那里，
得到这种只有回报没有付出的馈赠。

当下你对别人的付出，
会在某一天从另一个人那里获得回馈，
这就是人际关系的真理。
付出，
是利率最高的一种幸福储蓄。

旅行会让人变得感性，
会像魔法一样让人变得坦诚。
旅行像一把钥匙，
打开一直紧闭的心扉。

BUS

用尽全力去爱

所有的相遇都会带来离别，
即使是命运般的相遇，也终有一别。

圣·埃克苏佩里的《小王子》里有这样一句话：

世界上最难得到的，
是人心。

人的长相各不相同，
人心更是变幻莫测。

你是否也认为，
留住人心，是世界上最难的事？

你觉得会一直陪在你身边的人，突然离开了。
你觉得你是他的唯一，但他突然另结新欢。
人心就像风，忽然来了，忽然去了。

我们会陷入突然分手带来的伤痛，
我们会猝不及防地面对突如其来的离别，

改变瞬间发生，让人措手不及。

我们要随时准备迎接离别。
分别后，
去了那个过去常去的地方，这才想起，
我们已经分别。
拿出电话要拨电话，才想起，
我们已经分别。

如果知道我们会别离，
我会给你更多的照顾，更多的安慰，更多的包容，
也会更理解你，花费更多时间陪在你身边……
有相遇就会有离别，
而离别，总充斥着各种后悔。

因为人总有一死，所以要用尽全力生活，
因为人总要分别，所以要用尽全力去爱。

我想要无怨无悔地去爱，直到可以对你说，
为你，我付出了所有。

所以，就像金载振在他的《最后一封信》里说的一样，我想说：

即使再给我一次机会去爱你，
我也不会了。
用尽全力的事我只做一次，
不会给自己留退路。

借陌生人一个肩膀

我去散步，
走了半天才知道，
放在口袋里的手机丢了。
我沿途折返四处找寻，
一旁散步的阿姨问我怎么了，
在知道我丢了手机以后，
马上跟我一起寻找。

一个骑车路过的大叔，停下来询问：
“你们怎么了？”

阿姨回答：
“她把手机弄丢了。”

大叔解下自行车上挂着的灯，
加入找手机的队伍里。
不一会儿又多了一个不知从哪里来的大叔，
打开手机手电筒帮忙找。

人越来越多，

为了找一个陌生人的手机，我们聚在一起了。

我紧盯着地上，努力搜索，
终于在远处看到了丢失的手机。

“在这儿呢！”
我一边惊呼，一边捡起手机，
周围的人跟着欢呼：“哎呀，太幸运了！”
他们像找到自己的手机一样松了一口气，
看着他们高兴的脸庞，我的心里暖暖的。

这样的夜晚，这样的林荫路，
他们原本有自己前进的方向。
但他们把别人的事情当成自己的事，
比我还要认真地找手机，
我无法不感激这样的他们。

我跑向自动贩卖机，想给他们买杯饮料，
但他们连忙跟我说没关系，很快散去了……
我怔怔地看着他们的背影，心潮起伏。

电影《欲望号街车》中的费雯丽，
曾说过这样一句台词：

我总是倚靠陌生人的肩膀，
他们的肩膀是那么亲切。

我突然想，我是否曾把自己的肩膀借给他人倚靠过？

这个世界，人与人之间的警惕心如此强，
但好人其实还是很多的。

谁的人生没有伤痕

某影视剧导演在高中时，常被一个同学欺负。
他因此痛苦到想轻生，
但他最终选择了在时间里逃亡。
就这么硬撑着，
再苦也撑着。
终于等到学生生涯结束了，
毕业以后，他再也没见过那个同学。

成为影视剧导演后，
他把那个同学的名字作为电视剧里反派的名字，
以解心中的怨恨。
但是，随着时间的推移，
他渐渐释怀了。

那样好的年华里，如果因为那个欺负他的人，
他最终选择了极端的做法，
他也就再没可能制作出优秀的电视剧了。

诗人李胜福说：

伤痕嘛，多得是。
如果说冬天水坑里的薄冰，
大冷天水族馆里的木叶蝶，
都是伤痕，那谁的人生没有伤痕呢？

的确，谁的人生没有伤痕？
但伤痕终会被时间抚平。

我们都会玩一个“123木头人”的游戏，
说“木头人”的时候要停下来，说“123”才能再动。
成为“木头人”不是永久的，
不要伤心，只要耐心等待，“123”的时刻就会来临。

那个时刻一定会如约而至，
就像雾气消散后洒落的阳光，
就像风吹过后留下的宁静，
就像夜晚过后降临的早晨。

缘分这件事

有一首印第安诗歌这样说：

要想走得快，请独行；
要想走得远，请结伴而行；
要想走得更快，请直线行走；
要想走得更远，请曲线行走；
要想成为独木桥，请独自站立；
要想成为绿森林，请结伴站立。

人与人之间，相遇便是缘分，
缘分有好几种，分别以后，

有些缘分，像褪色的照片，变成了陈旧回忆；
有些缘分，像被撕碎的照片，再也不想记起；
有些缘分，像鲜亮的照片，仿佛昨天才经历。

还有一些缘分，
永远藏在心里，
常伴我们左右。

你珍藏着一段怎样的缘分?

一段幸福的缘分，
会让人内心温暖，即使已经过去了很久。

一段快乐的缘分，
也许不能永远相随，但天涯咫尺。

我们经常害怕寂寞，无法忍受孤独，
我们因此撕心裂肺地思念一个人。
因为这个人，我们走过的岁月里浸满了爱。
所以，我想对这个人说“谢谢你”。

长相伴

我问一个小孩儿：
“你长大了准备做什么？”
小孩儿回答：
“我要当爸爸。”

我又问另一个小孩儿：
“你以后要做什么？”
小孩儿说：
“我要当大人。”

也许，
这才是最伟大的梦想，一点儿也不朴素。
当一个好爸爸并不简单，
做一个真正的大人也不是件容易的事。
诗人尹东柱在《弟弟的印象》里，
说过类似的话。
他问弟弟，
长大以后要当什么。

弟弟回答要做人。

哥哥伤心极了，
因为这个世界让人不安，能否像个人一样活着是未知数；
因为他内心满是歉疚，弟弟面对的世界很可能十分黑暗；
因为他知道，想好好做人是一件多么艰难的事情。

真正的人应该是什么样的呢？
是心中有爱的那种吧！

心中有爱的人，
懂得怜悯，懂得包容。

他们会照顾别人，
会站在对方的角度推己及人。

沈永福老师在狱中给侄子们写的明信片里说，
不要变成只顾自己的乌龟，
放任兔子睡觉，自己先走一步，
叫醒兔子一起走，这才是对的。

真正的人，
愿意与迟到的你携手同行，
这样的人，内心充满了爱。

雨后的树叶和青草，会更加青翠欲滴，
那些看淡了荣辱得失的人，
才是真正的人，活得鲜活又闪耀。

我想做一个真正的人，
在别人心里留下幸福的印记，
就像人们在书里找到了蕴含真理的句子，
可以细细品味，韵味悠长。

严以律己，宽以待人

主持人问演员河正宇：
“如果你是导演，会对自己说什么？”

河正宇说：

我只相信你。

他说他会相信自己，更会严格要求自己。

凡事不可能全都一帆风顺，
我们怀揣希望出发，
但总会遇到风雨坎坷，
这时，你会指责谁？

电视剧开拍时，
所有人带着美好的初衷聚在一起。
但如果进展不好，有些人就开始互相指责，
演员怨导演，导演怨编剧，编剧怨投资方……

当然，也有一些人，会把错误归咎于自己，
把进展顺利的功劳让给别人。

他们认为因为别人的帮助事情才得以顺利进展，
他们认为事情进展得不好，是因为自己做得还不够。
这样的人，总会让我肃然起敬，
因为能做到这一点实在太难了。

演员黄政民在发表获奖感言时曾说，
他觉得员工做的饭特别好吃。
很多人因为这句话重新认识了他。

有些人对别人很苛刻，
对自己却很宽容。
而我，更愿意对自己严格一些，
对别人宽容一些。

电影《举起金刚》中，老师对学生说过这样一段话，
我想把它分享给与我共事的人们：

取得铜牌的人不会因此而走上铜牌般的人生，
而夺得金牌的人也不会因此而获得金牌般的人生，
用尽全力过好每一个瞬间，这才是真正的冠军人生。

面对失败，如果每个人都能互相鼓励，
而不是责怪他人、冷眼旁观，社会该多美好！
我们努力做好自己，
就是获得金牌时运动员的样子，
所以要加油啊！

我们害怕寂寞，
无法忍受孤独，
我们因此撕心裂肺地思念一个人。

正是因为这个人，
让我们走过的岁月里，
浸满了爱。

放低身段，幸福就来了

枝头挂着的漂亮花瓣，
时机一到，就会无可奈何地被风吹散。
人与人之间的缘分也一样。

相遇时，彼此的关系像花瓣一样娇艳，
但终究会无可奈何地随风而逝。

仔细想想，真的很凄凉。
因为我知道人与人相遇后，
缔造一份缘分并不容易，
所以我对缘分总是难分难舍，
想要长久留住它。

然而，这世上总是有很多让人倍感无奈的事。
名言警句中讲的那些很容易的事，
于我而言可能会很难。
与仇人冰释前嫌，了解自己，都是难事，
胸怀抱负似乎不难，但实现起来却难如登天。

这其中，最难的一件事，
就是经营人与人之间的关系。

我们知道事物如何运转，
我们能够预测天气。
机器有确定的使用方法，烹饪有相应的料理步骤，
然而怎样待人却没有任何说明书，
更没有清晰的练习步骤。
特别是面对那些只会站在自己立场想问题的人，
相处起来真是太困难了。

我说不出难听的话，
也无力辩解或者干涉他人，
因为这会让我耗尽全身力气，
要很长一段时间才能缓过来。
所以，我不愿意为自己辩解，
我宁愿与对方不再相见，
断了这缘分，好让生活平稳继续。

这是曾经的我。
在人际关系里一味逃避，
不愿没完没了地纠缠，
总是遇到难缠的人就退缩了。

然而，社会前进的动力，
靠的就是人与人之间相互交流形成的人际关系。
我们无可避免地，
要与别人交心，要能走进对方心里。

但是，怎样才能与别人交心呢？

有一个石匠，一生都在打磨石头，
流着汗，在石头上，一个字、一个字地雕刻。
一旁盯着他看的政治家说：

如果我也能像你打磨石头一样，
掌握一门技术，让人们的心不那么坚硬就好了。
我想在他们心里种下未来，种下希望，
可是这真的太难了。

石匠用毛巾擦了擦汗，回答：

您如果也能像我一样，弯下自己的膝盖，就能做到。

大人们总说，
想要得到一个人的心，就不要去抓他的发髻，
而是要趴在他的脚前。
态度傲慢，无法获得人心，
自得自满是无法实现梦想的。

《老子》中有一段这样的话：

江海所以能为百谷王者，
以其善下之，
故能为百谷王。
是以欲上民，必以言下之；
欲先民，必以身后之。

延续一段缘分，成就一段感情，

除了放低姿态走进对方心里外，再无他法。
实现梦想的方法也一样。
只要你做好准备，弯下自己的膝盖，
就没有做不成的事情。

生命中，即使暴风雨终会来，吹散缘分的花瓣，
但尽量让这花开得长久、美丽，
就是我们应该努力的方向了。

予人乐，己亦乐

一天，暮色低垂。
一个盲人头上顶着水罐，
手里拿着灯，从井边走过。
一个与他相遇的人问他：
“您既然看不见，为什么还要拿一盏灯？”

盲人的回答是：
“我担心会撞到别人。”

他手里的灯，
不是为了自己，而是为了别人。

路新宇在《看世界的智慧》中这样说：

狭窄崎岖的路上，前面的车翻了，
后面的车只能去帮忙。
无关心肠好坏，
而是因为不帮忙疏通道路，
自己的车也无法通过。

前面有人倒下了，
你要扶起他，才能往前走。
我们处在同一条道路上。
往大了说，国与国之间也一样，
邻国的污染物会遮蔽我国的天空，
我国的年轻人会因为其他国家的战争而牺牲。

偌大的世界里，国家间的关系尚且如此，
人与人之间的关系就更是如此了。
一个政治家会因为一己私欲去辱骂同僚，
整个政界人士因此蒙羞。
有些人会为了自己开心而“买买买”，
而不管自己的伴侣、家人是不是已经不堪重负。
如果你装作看不见他人的痛苦，
你终将活成孤零零的一个人，
这是我们这世界的真理。

所以，予人方便，
便是予己方便。
予人乐，就是予己乐。

拥有什么不重要，付出什么才重要

我认识演员郑泰宇的妈妈，
她讲过一件事。

泰宇饰演《王与妃》里的端宗时，
有一对住在忠清南道公州的老夫妇，
因为被泰宇的演技感动，送来了越冬泡菜。
从那往后的17年间，每到冬天，
他们就会把越冬泡菜送到泰宇家。
甚至，两位老人还把自己种的豆子做成酱，
把捣好的蒜，装好一起送来。

去年也是，像往年 样，他家收到了老人送来的泡菜。
总跟他们说不用再送了，老人还是会来。
十多年了，泰宇妈妈说，想去拜访一下老人，
带他们吃顿好的，给他们一些零花钱。
她拿着地址东问西问终于找到了他们家，
老人的家比她想的还要偏僻、破旧。

她想带他们去吃点好的，
两位老人摆了摆手：

“哎呀，不用出去吃，虽然也没什么好菜，但来到我们家，就应该在家里吃。”

他家的餐桌是一张小桌子，
谢绝了泰宇妈妈的帮忙，
他们忙前忙后，终于准备好了饭菜。

泰宇妈妈举起筷子，心里酸酸的，
那感觉，更像是一种悲伤，超越了感激之情的悲伤。
一种连“谢谢”都说不出口的感动。
“到这儿来坐。”
爷爷奶奶拉着泰宇妈妈坐到暖和的炕头。
这个家，只有炕头是暖和的，其他地方都凉飕飕的，
不知道两个老人是怎么生活的，怎么辛苦种地的，
还把自己收获的白菜和豆子腌成泡菜，熬成酱，
送给一个非亲非故的人，
只因为这个演员曾经带给他们感动，
这一送就送了十多年，从未缺席……
泰宇妈妈流下了眼泪，筷子都握不住了。

那天道别的时候，
在黑漆漆的院子里，
爷爷奶奶手忙脚乱地收拾腌白菜、萝卜块和各种酱：
“拿回去好好吃，别扔掉。”

本来是想报答两位老人家的恩情，
结果却感觉亏欠对方更多。
回来的路上，泰宇妈妈心里想：
原来人是可以这么美丽的，
可以给别人带来这么多的感动。

她很珍惜老人送的东西，
没有浪费一颗豆子。
她说那天的晚饭，是自己一生中最难忘的一顿饭。

每当她心里觉得寒冷时，就会想到两位老人家，
他们会像火炉一样温暖她的心。

听完这个故事，

我突然想起三浦绫子在《冰点》里的一句话：

人死后留下的东西，
不是你拥有的，
而是你曾付出的。

人与人之间，有一条心意相通的路

书镇提交了休学申请，整天窝在房间里。
一个朋友联系他，
说有一个发育障碍儿童参加的春游活动，
问他愿不愿意去做志愿者。
正无聊的他，当下应允。

书镇和一个叫“将军”的自闭症孩子分到了一组。
将军有咬手的习惯。
不愿意说话，只盯着窗外看，
还时不时地用手触碰书镇的腿，
似乎是在确认自己身边还有人在。

到了动物园，
孩子跟志愿者们两人一组，开始参观游览。
将军没有去看长颈鹿和孔雀，
而是一屁股坐在地上揪杂草，一边揪一边往嘴里送。
书镇阻止他，他就嘎吱嘎吱地咬自己的手背。
书镇没办法：“算了，只要不尿裤子就好了。”
将军的书包里有用来换洗的备用衣服，
但书镇觉得自己无法为将军换好裤子。

后来，他们碰到了社工，
对方询问将军是否尿尿了。
书镇回答没有，对方说，
只要在外面，这孩子就会硬撑着不尿，
很让人担心。
书镇突然觉得，强忍着尿意的将军，
和那个一直蜷缩在家的自己很像。

书镇抱着半睡半醒的将军走了一会儿，
在一片树荫下坐了下来。
孩子的胸口那么温暖，伴随着呼吸不断起伏，
书镇仿佛得到了莫大的安慰。

人与人之间，
竟可以这样安静地彼此抚慰，
既让人吃惊，又令人心生感激。

马钟基在《寓言的江》里说过：

人与人之间，有一条心意相通的路。

大概将军自己都不知道，
那个瞬间，他带给书镇怎样的感动。

不必羡慕别人的人生

我有一个朋友外表出众，
与心爱的男子结婚，生了一儿一女。
同学们聚在一起，谈到她时总是满满的羡慕。

然而有一天，
我们却惊闻她因为过量服用安眠药入院治疗了。

看望她之后，我在想，
原来被大家羡慕的人，也有承受不住的痛苦。

我们都走在下雨的路上，各自撑着伞，
风一直吹，雨伞摇晃不止，
我们很想紧紧抓住伞，
然而它还是被越来越大的风吹走了。
天地间再无遮挡，身上湿透，
我们湿漉漉地走在冷飕飕的路上。
这就是人生。

哪有不经风雨的人生？

这是诗人都钟焕在《摇曳绽放的花》里的一句话。

走到伞下我才知道，
原来外面在下雨。
走到伞下我才知道，
原来我一直在淋雨。
直到遇见了你，我才知道，
原来我一直在哭泣。

阳光明媚的日子里，我们总不记得储备雨伞。
但是，人生啊，需要未雨绸缪。
当生命中的梅雨季节来临时，
请拿出你准备好的雨伞，为自己遮风避雨。

美在每一个当下

有一个有发育障碍的残疾人不会说“好”字，
但他会说“背”，
他也只会说这一个字，
因为儿时母亲经常背他。
一个“背”字，
凝结了他在母亲背上度过的所有时间。

小时候的我，也喜欢趴在母亲背上，
暖暖的，特别幸福。
母亲背着我走在巷子里，
又舒服又安宁，鼻尖都是母亲身上淡淡的香气。

到了家，我其实已经从梦中醒来，
但我会装睡，
因为不愿离开母亲温暖的背。

你一定会在某个瞬间想让时间静止，
哪怕只停留片刻，
也会满心欢喜。

“就安住在这一刻吧！”
此时，一定是与你所爱的人在一起的。
以后，每每想起这一刻，
都会觉得温馨而幸福。

与所爱的人在一起的时间，
就像小时候趴在母亲背上装睡一样，
温暖幸福，
一点儿都不想下来。

开心工作的人，最动人

每次去理发店，我都会遇到一个小伙子。
他是助理理发师，
主要负责洗头发和一些杂活。
他的梦想是以后做个理发师。
为了即将到来的理发师资格考试，
下班以后，他都在理发店不停地练习，
他说最近自己的睡眠时间都没有超过3小时。
回家不仅浪费时间，还会增加花销，
于是，他索性在理发店的沙发上睡觉，
吃饭也是在理发店的休息室解决，
省下来的时间都用来练习了。

虽然辛苦，但他神采奕奕，
也许是因为内心充满了希望。
这样的他，令人敬佩。

他用心为我洗头，
像对待自己的家人一样，全心全意。
他给店里的客人倒咖啡、拿点心，
像招待他自己的客人那样，

真心诚意，没有丝毫敷衍。

你对他说“谢谢”，他会高兴地咯咯笑，
他的反应会让你觉得更加开心。

现在，男理发师越来越多，
但是站在父母的角度，也许会觉得，
儿子选择当理发师会不会不够稳定。
所以我问他：
“你做理发师，你的父母是怎么说的？”

小伙子说他爸爸跟小区里的人是这么夸他的：
“理发师比律师、检察官和医生都要好！”

他哈哈一笑，认真地说：
“在带‘师’字的行业里，理发师是最棒的！”

什么是最棒的职业呢？
朝着梦想前进，能够赚钱养活自己，不断挑战自己，
能给父母零用钱，

就是最棒的职业了吧?
最重要的是，还能开心愉快地工作。

你是心甘情愿地做这件事，
还是勉为其难地做?
做同样的一件事情，
带着两种不同的心态，
结果会有天壤之别。

我愿意做的，就是我必须做的!

实现梦想，需要把以上两种心态合二为一。

当你去做一件不得已而为之的事，
见一些不得不去见的人的时候，
你可能会觉得痛苦不堪。
相反，如果是你愿意去做的事，
如果是你想见的人，
你会觉得仿佛置身天堂，幸福极了。

这世间，有不辛苦的工作吗?
但是，有的人嘟嘟囔囔勉强为之，
有的人开开心心哼着歌去做。

我希望你，
能愉快地做自己的事情，
能开开心心地待人，
能够为了梦想，
砥砺前行。

与所爱的人在一起的时间，
就像小时候，
趴在母亲背上装睡一样，
在温暖的背上，
一点儿都不想下来。

永远记住，还有下一次

一个学生跟我说，
他投出无数封简历，面试了数十次，
依然没有成功找到工作。
每次回家脚上就像绑了铁链一样沉重，
他总是在家门口坐好一会儿，
等父母都睡了才进家门。

似乎任何安慰的话语都对他不起作用，
我只能拍拍他的背。

美国纽约大学艺术学院的毕业典礼上，
演员罗伯特·德尼罗在演讲中说：

我现在想象你们今天不是穿着毕业服，
而是穿着纽约艺术大学的定制T恤上台拿文凭的。
衣服反面印着“被拒绝，不是你的错”，
正面印着你们的口号、口头禅和你们经常呐喊的“下一个”。

演讲最后，他是这样说的：

放飞你的梦想吧，
时刻铭记，
你有“下一次”。

我打电话给我的学生，
给他读了罗伯特·德尼罗的演讲稿，
他声音颤抖，带着哭腔说：
“对我这个总是失败的人而言，也有下一次吗？”

我把失败这个词换成了“经历”，
哪有失败，只不过是一次不如意的经历而已，
正是这样的经历组成了我们的人生。

我喜欢在结束时说“加油”，
每次分别，我都会紧握双拳，喊出“加油”。

这不代表斗争，而意味着忍耐。
无论是对加油的助威，还是鼓励自己不要放弃的安慰，
其实都是想说给自己听的话。

罗伯特·德尼罗曾说他自己也曾在很多次试镜中落选。

世界超模吉赛尔·邦辰说，
她曾被拒绝过42次。
她没有因为被拒而一蹶不振，
也没有因为高中退学而自怨自艾。
为了活下去，她熟练掌握了4国语言，
成为模特后的20年里，她没有迟到过一次。

无论是罗伯特·德尼罗还是吉赛尔·邦辰，
都是因为他们的坚持，才最终实现了梦想。

这次不行还有下次，下次不行还有下下次……
我们的能力中，最有力量的就是韧性，
要成为梦想的追随者，一直追逐到底。

人生，需要负重前行

朋友在寺庙里看到一个连夜祈祷的人，
看着面熟，想了想，认出是一个富家太太。
朋友在寺庙寄宿一晚，清晨起床以后，
看到这位女士没有睡觉，一直在跪拜。

朋友问她为何如此虔诚地祈祷。
这才知道，有钱人也会为钱烦恼，
她希望卖出酒店，带公司走出困境。

朋友这才领悟，
为钱担心是一件很正常的事，
无论是乞丐，还是有钱人，都曾为此担忧，
并且，因为数额巨大，有钱人的担心更大。

一些漂亮的女明星整容后，
脸会变得特别奇怪。人们不禁想问，
她们已经很美了，为什么还不知足呢？
所以啊，那些漂亮的女人，
哪怕拥有让其他平凡女人都羡慕的外貌，
还是会因外貌而烦恼。

那些看上去很会养育孩子的父母，
也会因为子女的教育问题而苦恼。
那些看起来觅得良缘的人，
也会有感情上的烦恼。

每个人的背上都有担子，
每个人都在努力负重前行。

我想起金龙泽《美丽的负担》里的一段话：

这片珍贵的大地，
给了我美丽的负担，
我无法摆脱的美丽负担啊！

人生来就需要负重前行，
不管身处什么行业，什么阶层，
都会有自己的烦恼。
有所担当方能成就一番辉煌。

» 别怕，只是迟到，并不是“没有”

有时，我们用尽全力，
但事情的结果却不如人意，
我们不由叹息：“上天，你为什么要这样对我？”
后来，我看到了安东尼·罗宾写的《唤起心中的巨人》，
里面的一句话给了我力量：

迟到，
并不等于没有。

我看过歌手IU参加的脱口秀节目，
她完全具备了职业歌手的素养。
其实，IU儿时家庭困难，生活环境非常不好。
但这样的经历造就了一个坚强的姑娘。

刘在石现在是知名主持人，
但他从大学喜剧节出道后，
10年里一直默默无闻，
直到30岁还在跟父母要零花钱，
过得非常艰难。

但最终，他们都成功了。
他们成功的原因，
在于在艰难的环境里，
努力改变自己。

人之所以伟大，
是因为当你自己改变时，
你的境况，你周围的环境都会发生变化。
我们无力改变与生俱来的处境，
还有那些已经发生的事情，
但一味抱怨毫无用处。

幸福的反义词，
不是“不幸”而是“不满”。
与其发泄不满，不如努力改变现状。

你的出身、外貌、所处的环境……
希望你不要因为这些先天条件的不足，
而给自己的人生设限。
第一颗纽扣扣错了，解开重新再扣就好了。

泼出去的水是收不回来的，
所以，请一定认真对待。

也许你努力之后依旧没有收获，
但请不要绝望。
迟到，
并不等于没有。

一直走，终会抵达终点

作家阿尔贝·加缪，是诺贝尔文学奖的获得者，
他在其老师让·格雷尼耶写的《岛》序言中说：

那天，我在街上打开这本小小的书，
读了开头的几行字就合上了。
我把书紧紧抱在怀里，
看看四下无人，便飞奔向我的房间，
想赶紧开始读这本书。
我多想重温那天晚上的感觉！
我无比羡慕第一次打开这本书的你们，
你们这些陌生的年轻读者们。

还有比这更美好的相遇吗?
你内心激动地怀抱老师写的书，
沉浸在安静的阅读喜悦中。
老师认定你是可造之材
愿为你插上梦想的翅膀。

我也有一位这样的老师，
他叫金哲洙，但他已不在人世。

我的老师是济州岛的著名诗人，
与他相遇后，我的人生发生了巨大变化。

他带着我参加各个学校组织的作文大赛，
当我获奖时，他比我还开心。
他办诗、画展，培养我的梦想，
他对谁都说贞林一定会成为作家。
我离家去上大学，他叮嘱我一定要成为诗人，
并把自己珍爱的诗集送给我。

我没有成为诗人，但现在是一个作家，
我还什么都没有为老师做，他就与我永别了。

96岁的老教授金亨锡参加学生的颁奖典礼时，
发现学生在他外套口袋里放的钱。
老教授开心地笑了：

小时候总喜欢拿压岁钱，
没想到老了以后还能收到学生给的零花钱。

我多么羡慕这个学生，
可以给老师零花钱，可以让老师看到自己获奖的样子。

我欠老师太多，
为了能写出好文章拿给老师看，
我天天都在写。
每天早晨写下的随笔，
是我送给老师的人生检讨书。

今天我再一次打开了老师生前写的诗集。
而每次打开，我都能感受到，
加缪所说的那种激动。

老师的诗集叫《滚动的小石子儿》，
我也想做一颗滚动的小石子儿。

虽然我是一颗小石子儿，但我不会停。
只要我不停地滚，总有一天会抵达目的地。

爱要大声说出来

爱要用心去灌溉，
爱要大声说出来，
不要把爱深藏心底。
爱没有翅膀，
无法靠自己的力量飞到对方心里。

我们都爱自己的母亲，
然而母亲叹了一口气：
“我这么爱我的子女，可是他们却不懂我的心。”

与其在心里说一百遍“我爱你”，
还不如给母亲一个拥抱，她会更感幸福。

看到独自前行的父亲背影，
我们会觉得心疼。
而父亲却在担忧，
没用的自己会不会被子女嫌弃。
去告诉父亲吧，告诉他是时候依靠你了，
这胜过无数次在心里表达对他的爱。

彼此信任的朋友，
也会因为一时的误会而越走越远。
如果把对老师的尊敬藏在心底，
师生之间也会逐渐疏远。

我们对孩子的爱也一样，
如果只深埋心底，
孩子可能一直在怀疑：
我的父母真的爱我吗？
他们是不是因为我而感到惭愧？

无论你的心里深藏了多少爱，
不表达就毫无作用。
把爱放在心底的人，
是难以真正走进对方心里的。

我们最想从所爱之人那里听到的是：

我爱你！

“爱”的能量巨大，能够帮你抵御世上的酸甜苦辣。
伴侣间“我会一直爱你”的告白，
是一种“誓约”，更是一起走下去的“诺言”。

一个人，
如果能找到携手暮年的伴侣，
是一件多么幸福的事！

互相抚摸被岁月染白的头发，
回望过往的坎坷，携手走完剩下的人生。

如果有这样的人，
请在岁月流逝之前，跟他说：

我爱你，
不管过去、现在，还是未来，
我只爱你。

爱的言语，
像温暖的棉衣，抵御住风中的严寒；
像柔软的棉被，包裹住疲惫的身躯。

寻找快乐

智利歌手比奥莱塔·帕拉，
有一首抒情诗一般的美丽歌曲：

感谢生活，生活对我情深义重，她给了我……

留下这首歌的时候，她的实际生活黯淡无光：
梦想遥不可及，
遭受了爱人的背叛，
健康状况急剧恶化……
然而面对绝望，
她在唱“感谢生活”。

为什么我一无所有？
为什么我一事无成？
为什么我这么没出息？
我们有数不尽的不幸，
然而细数这些伤心事对我们的生活毫无益处。

幸福和不幸都来源于习惯，
如果想变得幸福，就要多想那些让人幸福的事情。

大部分人的命运，
都是在不幸中，时刻找寻着幸福。
人生不是因为快乐才快乐，而是找到了快乐才快乐。

站在窗边，回想一下人生中值得纪念的事：
你能闻到花香，能听到音乐，
有家人为你担心，
有那么多事情可做。
多么值得感谢！
于是，你也会像比奥莱塔·帕拉一样，
不由地感叹：
“感谢生活，生活对我情深义重。”

BUS